純碎物

既複雜又純粹，既堅韌又易碎
寫給想像的文創方法論

The Fragile Purity

陳智凱　邱詠婷⊙著

Dr. K & Dr. A

東華書局

陳智凱教授／國立台北教育大學文化創意產業經營學系所教授

國立台灣大學國際企業學博士，曾任行政院院長室諮議、中山醫學大學專任及台灣藝術大學等校兼任助理教授。出版《哄騙——精神分裂》等書籍廿餘冊，SSCI 等國內外期刊、報章評論及政策文稿四百餘篇。編譯《認識商業》乙書獲選中國百大經濟學書單，著作《後現代哄騙》乙書獲選國家圖書館 2015 年度重要選書。

邱詠婷教授／國立台北教育大學文化創意產業經營學系所副教授

國立台灣大學建築城鄉學博士，美國加州柏克萊大學建築與都市景觀學士碩士 MArch，曾任國立台北教育大學通識中心主任，實踐大學專任及台北醫學大學、中原大學等校兼任助理教授。著作《空凍——空間的生與死》乙書獲選國家圖書館 2014 年度重要選書。

目錄

序曲 VII
改變衡量才能改變思考 1
資本家的浪漫築牆 17
市場收編所有的對反 35
延續的不延續 53
扶手椅上的旅人 77
未來是過去 99
終曲 121
延伸閱讀 123

序曲

現代化和進步的眞相和錯覺，人們誤以爲經濟危機起因於與現代經濟模型不符所致，殊不知狂襲全球的金融風暴，不過是一場由華麗數字所包裝出來的財務工程騙局。而各國政府採取的金融紓困方案，不過是將利益私有化與損失國家化。全球金融化其實只是爲了確保更多人陷入債務而已。其他如越來越多的疾病不是被發現而是被發明，目的只爲了確保跨國藥商能夠銷售更多的藥品。近年來全球貧富差距越來越大，導致民主社會的基本價值遭受空前危機，而窮人之所以越來越窮，問題可能在於匱乏的人文素養。至於近來恐怖攻擊事件頻傳，癥結可能在於不同的時間思維，結果導致越是摧毀恐怖組織，恐怖攻擊事件就越是頻傳的困境。

我們的心智一直存在嚴重的問題，我們習慣將所有的事物都合理化和普遍化，然而，我們從觀察或經驗中學到的知識經常嚴重的侷限，最終導致我們的認知完全偏誤扭曲。特別是，當我們在面對無法觀察和未知的事物時，總也習慣將眞實複雜的世界，強迫納入已經界定分明的觀念與簡化的分類之中，表面上我們得以消除面對不確定的恐懼與風險。儘管我們所處的世界早已扭曲變形，我們卻仍然一直試圖告訴自己要改變行爲配合科技、要改變道德以符合資本主義的進一步扭曲、要荒謬地將生活的全部套用到特定的理論中。因此，無論在經濟、社會、文化、政治，甚至是心靈與宗教歸屬上，虛假的現代化和進步都讓我們逐步地繳械，進入一種深刻的無意識狀態。

面對既複雜又簡單的世界，如何反身思辨、看清眞實與擺脫錯誤，如同置身於自然與人文的二端光譜中間，前者是從複雜朝向簡單方向發展，後者是從簡單朝向複雜方向發展。因此，若是單純以自然法則來推論人文法則，反之亦然，都會陷入相同的認知偏誤風險，也就是掉入由簡到繁的原子謬誤，以及由繁到簡的生態謬誤之中。這時，警句可以發揮「少即是多」的留白美學，將強大的觀念壓縮到精簡的語句，如詩一般，不需要再解釋，而是交由讀者自行領會。警句一直是人類最早的文類，可以將複雜的世界化約成爲精練的思維，像是一種純粹物，每一則都是獨立篇章與完整論述，過多言說反而會因此破壞了魅力。此外，面對當前不甚美好的眞實世界，我們需要更多故事提供美好想像，誠如小說家尼爾蓋曼所說，故事就像世界上的其他易碎物，包括人心、夢境、蝴蝶與蛋！易碎物是一種既虛無又眞實，既脆弱又堅強，既短暫又永恆的美好，如同人心也許易碎，但卻是人體器官中最爲強韌，夢境雖然最爲縹緲虛無，卻也最令人難忘。蝴蝶振翅可以在大洋彼岸掀起狂風。即使是一枚蛋都像是足以承重的紋石小廳，故事就像人心、夢境、蝴蝶等易碎物，易碎卻又延續。《純碎物》，就是一本既易碎又純粹的語錄。

《純碎物》試圖從經濟、科學、哲學、人文、美學與心靈的角度，或說從眞善美的角度。眞是科學眞理、善是宗教心靈、美是人文藝術，透過系列的反思與辯證，尋找純粹的知識、優雅與感動，反抗現代進步的虛僞、敗德與迂腐。在經濟方面，〈改變衡量才能改變思考〉試圖拋出資本主義社會的最大困境與可能出路。如果資本主義帝國是透過市場和消費等下游殺手來建構，〈資本家的浪漫築牆〉與〈市場收編所有的對反〉目的在解構資本家的各種哄騙招數。在科學哲學方面，〈延續的不延續〉提出是鬼扯還是邏輯的各種辯證，直指哲學先行並且前奏了科學發展，而科學進步不過是一場非理性的典範移轉。至於人文美學方面，〈扶手椅上的旅人〉強調閱讀讓人在混亂中守住秩序，故事如同是湖面倒影，可以讓人看見看不見的美好。最後在宗教心靈方面，〈未來是過去〉揭示任何人存在的任何限制，經常都是由自己的行爲所創造出來。

儘管我們都生活在溝渠裡，但有些人卻是仰望著星空。儘管沒有任何地方比墓園更加井然有序，更讓人感到寧靜，但生命終究不應該只是在避免受苦，而是如何創造感動與意義！總的來說，本書透過對於當前總體經濟的解構批判，藉由科學哲學辯證與人文美學的重新建構，試圖提出一個可能的思維路徑，本書寫給想像的文創方法論。

陳紫龍（簽名）
邱詠婷（簽名）

二〇一八年六月六日

改變衡量才能改變思考

經濟學並不是一套絕對眞理，而是發現眞理的哲學思維與分析工具，思維與工具不會完美無瑕，思維與工具永遠需要辯證、改進與創新。當前人類的政治問題就是如何整合經濟效率、社會公義與個人自由的問題！

歷史經驗顯示，政府和系統不能解決問題，政府和系統本身就是問題！

民意如同是過期失效的春藥，最殘酷的現實在於，讓政治人物擁有無法做事的權力。

民主就是選民不花心思了解資訊，但是最合邏輯的方式就是都去投票，然後繼續對於敗德惡俗的政治一無所知。

帕金森症候群就是科層組織的擴張程度，遠遠大於執行最初設計功能所需的規模。

全球金融風暴的弔詭之處，紓困是利益私有化與損失國家化。

金融化就是確保更多人，陷入債務！

在金融市場上不談感情，問題是，人們一旦遇上了金錢，很容易就感情用事。

金融工程[1]的最大荒謬在於，採用後現代虛無思維來打造現代建築地基！越來越頻繁的全球金融風暴，不過是由一堆華麗數字包裝的財務工程騙局所衍生出來的必然產物。

認為風險不會發生的最大錯誤在於，把不太可能，當成絕對不可能！

風險，就是以為自己知道，但其實是不知道的機率。換句話說，風險就是一個落差。

效率市場[2]是一場幻覺，市場本質上是一個自我抵銷的大型資訊槽。

1 依據國際金融工程師學會定義，金融工程（Financial Engineering）是將工程思維引入金融領域，採用各種工程技法，包括數學建模和模擬來開發新型金融商品，解決各種金融問題。金融工程又稱為財務工程，工程一詞代表必須具備科學理論基礎，並能解決客觀存在的實際問題。然而近年來國際金融相繼發生重大事件，包括東南亞金融風暴與美國次級衍生性房貸等。各國政府、學界及業界對於金融工程問題產生極大警覺。

2 一個經濟學假說，由尤金·法馬（Eugene Fama）於一九七〇年提出，主要基於三個假設：一、市場將立即反映新的資訊，調整到新的價位。價格變化取決於新資訊。二、新資訊是隨機性，就是好和壞資訊都是相伴而來。三、多數投資者都是理性、相互獨立且追求利潤極大。

本質上，市場根本難以預測。當人們開始依據預測行事，出售或買下，預測的準確度就會跟著下降。

依據規則所預測出來的模型，很快就會被規則本身所誘發出來的交易給沖銷掉了。

市場最不欠缺的是更多的資訊，最欠缺的是簡化和透明的資訊，一種簡化的透明。

央行總裁和政治人物慣用的潛台詞：「如果你認爲我說的太過清晰，你必然已經誤解了我所說的話！」

話術，爲了引導想像，經常借用單字或比喻；爲了耍弄權威，則會援引深奧的術語；爲了傳播迷障，則會創造最酷的潮話，不管在政治或金融市場，經常全部適用。

話說得越是濃縮，越是隱藏著不想讓人知道的秘密。

術語，就是設法把人催眠，讓人陷入一種曖昧狀態。弔詭的是，越是不懂，人們越是相信；懂得越多，反而陷入越深。

如果聽起來太過美好，那麼八成是假的，其實這句話仍然有誤，應該說百分百是假的，就像龐氏騙局[3]一樣！

去政治化的政治化，和諧化的去和諧化，這就是政客的言行邏輯。

政治口號是沒有法力的避邪物。

政治經常是毀於希望，而政治人物最擅長的就是創造希望。

我們不知道政治出了什麼問題，但是我們知道政治讓我們出了問題！

信任就是文明。信任是讓別人影響自己的利益，打賭別人未來的可能行動。信任的程度就是別人對於自己可能傷害的程度。

民生問題，其實是被兩種人給鬧著的，一種是沒吃飽，餓著；一種是吃太飽，撐著。

3 龐氏騙局（Ponzi Scheme）是一種最古老也是最常見的投資詐騙，類似當前非法階層式推銷或稱「金字塔式騙局」。一九一七年，查理斯・龐氏（Charles Ponzi）在美國波士頓開設一家證券交易公司，對外宣稱可以從西班牙購入法德兩國的國際回郵優待券，投資者可在一個半月內獲取百分之五十的報酬率，龐氏策略是將新投資者的錢付給最初投資者，由於初期投資者如期獲得難以置信的紅利，因此不斷的有大量投資者跟進，最後在幾個月內成功地吸引了數萬名投資者，累積金額超過一五〇〇萬美元，隨後由於媒體報導衍生對於龐氏公司的質疑，導致公司沒有新資金可以支應，最後龐氏騙局泡沫爆裂，大量的下線投資者蒙受巨額損失。

結構不是鐵板一塊，結構是利益鬥爭的暫時性平衡。因此，個體、批判與行動不應該完全被結構的獨裁性給收編。

在工程上，技術債[4]如同負債會呈複利方式成長，一天不償還，債利會漸漸大過於施力。在管理上，我稱它爲制度債，只有砍掉重練！

資本主義和民主主義原本就是彼此矛盾[5]和不斷鬥爭。資本主義的本質是不平等，民主主義的本質是平等。

解構資本主義的哄騙招數，馬克思其實極有卓見，就像讓奴隸以爲自己是一位員工，以後就容易擺布多了。

4 一九九二年，沃德・坎寧安（Ward Cunningham）提出在進行軟體設計或撰寫程式時，當時基於特定理由，沒有做出最佳品質設計或程式碼。例如，期限緊迫又十分重要的專案，可能因此放棄較爲彈性或擴充性的架構。這種基於受限時程，對於設計或程式碼的當下取捨，可能會在每次遭遇現有架構無法因應之際，必須爲當初放棄的彈性或擴充性，付出龐大的代價。

5 二〇一四年，法國學者皮凱提（Piketty）出版一本經濟思想的分水嶺之作《二十一世紀資本論》，書中直指當前全球貧富不均惡化的熱題。皮凱提從蒐集二十幾國、長達二百多年龐大實證資料之中，提出一項核心概念：從歷史證據來看，資本報酬率通常大於整體經濟成長率，也就是富人財富成長速度快過一般人工作收入成長速度，打破過去主流意見認爲，貧富差距拉大只是經濟發展初期現象，到了成熟階段情況就會逐漸好轉。然而皮凱提指出，上述說法只是對於二十世紀初期到中期的發展所導致的誤會。皮凱提認爲，各國應積極減低財富過度集中的趨勢，否則將危害民主社會依照個人的才能與努力所決定報酬的基本價值。

現代的金融交易驅取代了傳統的工業生產線，西裝筆挺但卻浮躁的年輕人，不過是新一代的藍領。

資本主義強調效率和自由選擇，民主主義強調公平。當聚焦於效率，一切就會朝向市場經濟傾斜。當聚焦於自由選擇，於是就會阻礙公平。若想同時兼顧公平與效率，於是就得犧牲個體自由。「三擇一困境」（trilemma）突顯只能達成其中二項。

資本主義，就是以利潤爲導向，將生活商品化的市場經濟。

資本是災難性的金錢！無限的金錢就是金融動盪的主要根源。

經濟的興衰不過是情感波動的產物[6]。

金錢像是一張社會的織網，當網撒向了哪裡，那裡的一切就會變得，無比庸俗膚淺。

6 一八七五年，英國經濟學家傑文斯（W. S. Jevons）提出太陽黑子理論，認爲經濟週期波動主要是受到太陽黑子的週期變化影響。太陽黑子的週期變化會影響氣候的週期變化，又會影響農業收成，進而影響整個經濟。不過，二十世紀中葉之後，一批心理經濟學家開啓一個全新視角，關注心理變數在經濟運行中的影響，他們發現，人的行爲會不斷受到無意識與不合邏輯的因素影響而經常性地犯下錯誤。也就是心理變數在所有的經濟行爲和經濟活動中都發揮著特定作用。

當市場導向擴散到生活規範，社會規範的市場化就會進一步敗壞社會規範。

當社會規範和市場規範相互牴觸，前者就會自動煙消雲散。

當市場和市場導向的思考，向傳統上由非市場規範的領域延伸。市場化與商品化會造成不平等與腐化，這就是民主的困境。不幸的是，政治的不平等又會進一步惡化經濟的不平等。

全球政經的核心問題，在於如何讓社會發展重拾其經濟層面，如何讓經濟發展重拾其社會層面。

在資本主義國家，經濟的暴力性不被暴露；在極權專制國家，暴力的經濟性也不被暴露。

想要知道一個社會的意識型態和關心的重點，只要去追蹤金錢的流向即可。

貨幣是現代世界的唯一宗教，人們將所有的東西都貨幣化了。

當貨幣經濟越進步，由物質符號所建構的織網就越分化，符號讓人填補內心空虛，透過物質讓人尋找美麗新世界。當物質化的分類分化越強烈，驅逐和排斥非物質化的慾望也越大。

符號的美麗新世界，可以在去物質化的過程中發揮彌補的作用。資本主義的哄騙是高明的，符號，其實是一種去物質化的物質化策略。

資本主義深知人心的矛盾，當人們的選擇越多，並非人們都會想要差異性。相反地，人們想和多數人一起，而不是自己一個人落單。

當你可以免費使用一項東西，你就是產品，而不是客戶。即使你也付費，你還是產品。我們都不是臉書和谷歌的客戶，而是他們賣給他們眞正客戶的產品。

砍伐森林興建住宅、穿越公園擴建公路、增建垃圾場、焚化爐和大型監獄、人們因爲壓力去看心理醫生、即使是石油外洩造成污染，我們的國民所得都可以提高。

現代化都市的普遍化名稱——廢墟之城[7]。

7 援引邱詠婷教授《空凍》與雪倫．朱津《裸城：純正都市地方的生與死》兩位重要的都市與建築學者觀察，無論在台北或紐約，隨著都市中產階級化，人們逐漸重視在地「純正性」（Authenticity）。然而，各國政府與開發商卻都試圖抹平在地原貌差異與歷史認同，表面上讓一切變得乾淨嶄新，實際上都市景觀變得更齊一乏味，好像去了哪裡，卻又哪裡都沒去一樣。

界線對於精確的描述有其必要性，但是界線的定義卻不一定有邏輯性。

追求幸福經濟[8]，唯有改變衡量，才能改變思考。

8 座落於喜馬拉雅山間的不丹，神秘封閉但人民卻是全球最幸福的，不丹以「國家整體幸福」取代「國民生產毛額」作爲發展目標，結果不丹人民更健康、快樂與富有。根據國際「世界價値調查」（World Values Survey）針對八十一個國家的幸福感與生活滿意度調查，領先者多半位於悠閒的歐洲，經濟強權美國只排第十五名。

民意如同是過期失效的春藥
最殘酷的現實在於
讓政治人物擁有無法做事的權力

全球金融風暴的弔詭之處
紓困是利益私有化與損失國家化
金融化就是確保更多人
陷入債務

政治口號是沒有法力的避邪物
政治經常是毀於希望
而政治人物最擅長的就是創造希望

在資本主義國家
經濟的暴力性不被暴露
在極權專制國家
暴力的經濟性也不被暴露

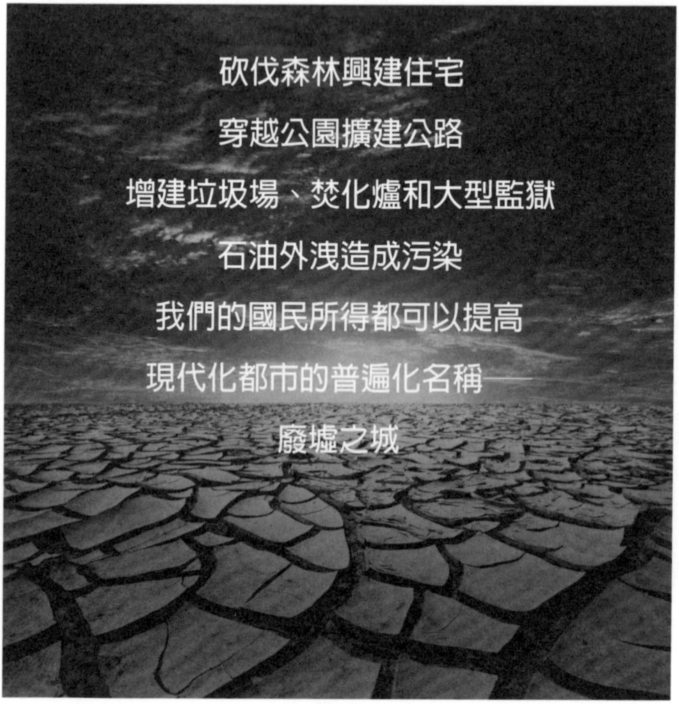
砍伐森林興建住宅
穿越公園擴建公路
增建垃圾場、焚化爐和大型監獄
石油外洩造成污染
我們的國民所得都可以提高
現代化都市的普遍化名稱——
廢墟之城

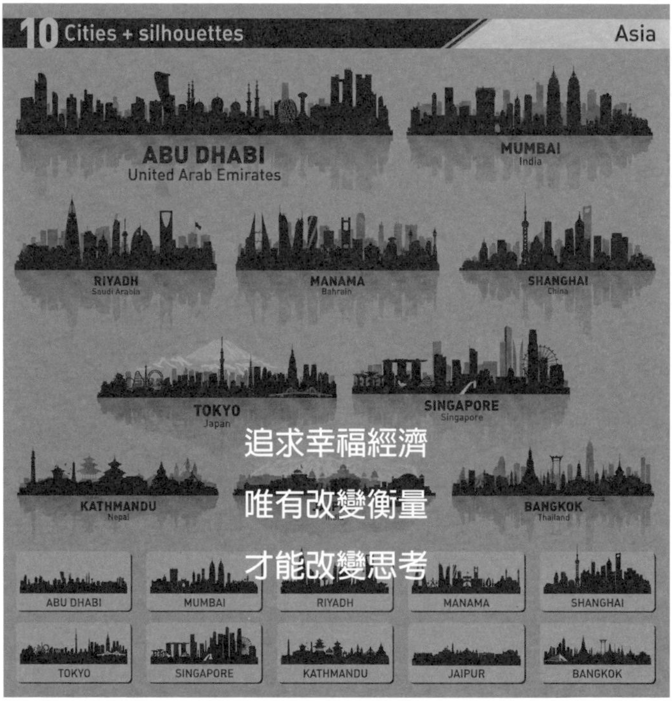
10 Cities + silhouettes
Asia
ABU DHABI
United Arab Emirates
MUMBAI
India
RIYADH
Saudi Arabia
MANAMA
Bahrain
SHANGHAI
China
TOKYO
Japan
SINGAPORE
Singapore
追求幸福經濟
KATHMANDU
Nepal
唯有改變衡量
BANGKOK
Thailand
才能改變思考
ABU DHABI
MUMBAI
RIYADH
MANAMA
SHANGHAI
TOKYO
SINGAPORE
KATHMANDU
JAIPUR
BANGKOK

資本家的浪漫築牆

消費的病理學名是「慣性躁鬱症」[9]，也就是在消費之前無比亢奮，在消費之後無限沮喪。

現代社會的代名詞是市場，它的範圍無所不包，結論卻是無比狹隘，除了消費之外，其他一概拒絕。

消費醃過的日常生活，讓人產生一種慣性，它讓唯唯諾諾的工人搖身變成昂首闊步的消費者。

欲望的不斷變動是一種不動，就是一種沒有答案，不會結案的慣性！

9 詳見陳智凱與邱詠婷《消費——浪漫流刑》。

欲望前奏了消費，讓人對於時間的流逝不知不覺。欲望附屬的不安輻射出豐富的情感。欲望是一場期待和幻滅的輪迴，輪迴驅動了消費。

消費是一場追求歡愉的浪漫儀式，重點在於想望的本身而非擁有。

消費的快樂來自於不同的、連續的欲望完成之間。消費的延後滿足讓人沮喪，唯有透過白日夢的塡補才能獲得救贖。

亞里斯多德說：「欲望是無法被滿足！」後現代主義說：「沒有消費能力才是無法滿足的關鍵！」

消費使人癱瘓，卻又宣告提供輪椅！

消費是隱藏的邪惡道德，公開的優雅犯罪！

消費是市場公開性隱藏的暴力行爲，它將意識和無意識都徹底地殖民化，它提供的自由代表著自由的退化。

消費的狹隘，問題出在人們所接受的資訊，全部來自於市場上可以取得的產品。

消費是一種意識型態，一種深刻的無意識狀態，讓人陷入一種有秩序的失序狀態！

消費將生產連結至匱乏，將異化的產品去異化，讓人透過消費的參與及建立自我的詮釋，贖回事前已被市場偷走對於自己的喜愛。

消費宣告讓人找到不存在。只是消費永遠是問題而非解答，永遠是出軌和背叛！

是消費讓人找到不存在，還是經由你，消費才能眞正地覺察到它自己的存在！

文化建構了眞實的世界，它是人類行爲和解釋行爲的重要藍圖。不同的文化像是一種疆界藩籬，因此，對於他人的處境行使自己的邏輯，容易陷入自我指涉[10]的困境。

文化象徵經常指涉一項重要的意涵：不在場（absence）。

文化儀式可以透過消費來表現，或說文化儀式就是一種文化消費，一種週期性躁鬱的間歇治癒！

消費文化的全球化是一種趨勢，但並不代表著同質化。廣泛的文化接觸，反而突顯出更多的文化衝突。

10 句子本身自己談到自己。例如，老師說：「所有人都不准說話，」頑生回：「所有人都不准說話，你在說話，難道你不是人？」「全能的上帝能否創造一顆連自己都舉不起的石頭？若可，那麼舉不起就證明上帝不是全能的；若否，沒有能力創造也證明了上帝不是全能的。」

消費是一個翻譯的過程，從一個疏離的和價格的象徵，翻譯成爲一個特定的意涵。

消費是一場溝通的儀式，溝通是一個符號的移動過程。符號，在去物質化的過程中，經常可以發揮彌補損失的作用。

動機，像是一種經常被遺忘的深刻，越是記不得，越是忘不掉！消費的核心動機，非常複雜，包括受到個人背景、社會脈絡和環境因素影響。儘管人們無法完全確切地掌握，不過行爲反應始終不會忘記。

態度，是一種情感豐富的若無其事！也就是表面上的若無其事，實質上可能隱含著比想像更爲豐富的情感。

認知是刺激的副產品，認知前奏了行爲反應，是對於周遭環境的解釋和感覺。

刺激（stimuli）不是指涉人體內的荷爾蒙，而是一種現代人的存在模式。

人心隨時遭受攻擊。

無法產生感覺認知差異的刺激，像是隱形之於盲眼，不存在任何的法力！

視覺是一種對於色彩、形象或事件的圖像刺激。

嗅覺是一種接近兒時與鄉愁的潛意識記憶。

聽覺是一種感動的視覺圖像。

觸覺是一種靜態的和有限的視覺。

喧囂中令人陶醉的有時是寧靜，節奏的致命武器有時是間隙的沉寂。

感覺認知是刺激的加總。

相同的刺激經常構成不同的感覺認知。

越是理解神經科學，越是不理解認知心理。

我們經常假設別人和自己的認知相同，如果別人的反應不同，我們容易誤認爲別人犯錯或是具有不良意圖，其間的差異可能在於推論的角度不同。

心理現象是有組織的和不可分割的整體，整體的經驗來自於整體的認知，整體的認知並不是分散認知的總和。

數字越往右，越容易讓人分心，也越容易讓人產生折扣的錯覺，例如，一九九比二〇〇便宜。

提出一個奇怪的請求，經常可以打亂常規。例如，遊民向人乞討十九元，比十元更容易成功。

產品採用一個獨特的命名、隱含自己的姓名或是熟悉的字母數字，都更容易讓人感到親切與被人接受。

限量和短期優惠容易讓人產生稀有與不安的錯覺。

製造恐懼永遠是最佳的控制策略。

先提出一個較小的要求，然後再逐步提高水準，最終容易被人接受，例如，先推出低價品或是基本款，然而再逐步誘導購買高價品，稱爲遞增策略。

拒絕對方的請求，容易讓人產生愧疚，後續當對方提出較小的要求，最終經常會被接受。例如，最初先提出一個超乎常理、極大落差或是誇張的要求，然後再逐步退讓到合宜的水準，最終請求更容易被接受，稱爲遞減策略。

給對方自由就是給自己機會，先讓對方感受到選擇的權利，之後當自己提出請求被對方接受的機會也越高。例如，麵包店採取免費試吃，稱爲自由策略。

記憶是對於時間流逝的反抗，它是一種重要的消費策略。

記憶不只可以用來追尋消逝，還可以用來打破現實僵局。記憶可以用來拯救不美好的現實！

記憶透過過去和現在的隨機交錯，在當下進行再現、對話、重組、釋放和理解。

記憶被提取的同時也被建構，記憶的空缺經常由想像力和邏輯的推論來塡補，藉此回應個人或環境的需求。

記憶可以讓人在時空中交錯移動，然而，隨著時間的推移和衝突的增加，記憶也會逐漸出現失靈的現象，包括消逝、失神、空白、錯認、暗示、偏見和糾纏。

消逝（fade）是隨著年紀增長的遺忘。

失神（absent-mindedness）是心不在焉的錯誤。例如，透過結繩記事卻又經常忘記結繩的位置，日曆載滿行程卻又經常忘記去翻閱。

空白（blocking）是記憶連結的斷裂，例如，記住臉孔和職業比記住姓名更爲容易；

記住產品的特性和味道，但是卻無法想起正確的品牌名稱。

錯認（misattribution）是把未曾發生的事情當成眞實，例如，目擊者錯認導致被告遭到誣陷。消費者經常把廣告或是名人代言，當作是自己的眞實體驗。

暗示（suggestibility）是納入錯誤資訊的記憶，例如，嚴刑拷問讓嫌犯錯認自己犯行。外部資訊、評論和建議的誘導，容易讓人的記憶產生扭曲。

糾纏（persistence）是經常想起希望遺忘的事情。感性的記憶衝擊和誘發的身心苦痛，因爲難以承受而讓人選擇逃避。弔詭的是，越是逃避、越是靠近，創傷也就更爲深刻。

馬克思說：「我們製造自我的認同，但是製造認同的素材並不是自我所製造！」

自我像是站在玻璃牆後，讓人猜不透、摸不著，始終保持遙遠、優雅和沉著！

卡夫卡說：「我甚至和我自己都沒有共通點！」[11]

11 「我和猶太人有什麼共通點？我甚至和我自己都沒有共通點！」卡夫卡這句話最能道出他自己的人格底蘊。長期以來，卡夫卡對於根、家庭、環境甚至自己的身體始終保持疏離，他創造出一種獨特文學語言藏身自己，於是故事主角紛紛變成了甲蟲、猩猩、狗或飢餓藝人。

受認知的支配，是尋找自我的代價。

消費社會讓人將外部的目標視爲是自我的延伸，包括透過蒐集、寵物、刺青、舌環或是紋身等身體的改造，向外部宣告自我的存在，透過肉體的苦痛來防止自我的消失！

消費讓人異化，讓人產生嚴重錯覺，讓人自以爲無所不在，事實上卻是不在！

身分是一種分身！

身分可以用來彰顯自我。消費可以用來強化身分的扮演，達成一種角色的張力，完成身分的未完成！

傳統社會的角色認同是透過生產，現代社會的角色認同則是透過生產的相對活動，消費！

無論身分如何被建構，藉由了解自己不是什麼，透過排除或劃定界線這種持續性的迷人誘惑，不斷地刺激人們產生欲望，從而創造一個有秩序的失序狀態，就是資本家的浪漫築牆。

幻覺是看見不存在，反幻覺是看不見存在。自我無敵是前者，社會影響是後者。

人心經常遭受外部和他者的攻擊，包括一本書、一部電影、一位陌生人。

群體是個人和大衆之間的部落，它宣告個人的去個體化和去大衆化。

去個體化不等同於同化，群體，是同化也是異化！

社會以制度、教育、媒體和家庭來形塑和影響人們的價值。人們以歷史、宗教、文學和法律去理解和回應社會的動態。

早期社會資源匱乏導致人們的需求無法被滿足，當今消費市場匱乏的是自我。

系列的理性，整體可能是不理性。延續的理性，最終可能是一種不延續的感性。

感性並非是理性的終結，它是理性計算背後的一種不可計算，例如，浪漫是一種感性，它是基於美貌與優先學等理性考量。

流行的普及擴張就是自我的終結！

處置是一個古典的字根，也是標準的現代貨。現代社會的資源回收產值規模非常驚人。

垃圾經常是不得其所（out of place），放錯地方的資源！

處置可以是一種被動的懸吊，讓人延擱意義，將盡未盡。

處置可以是一種主動的宣告，宣告一種「後」，一種「新的從前！」

對付過去最好的方法，就是讓它徹底地成爲過去！

處置可以是一種宣告「新」的姿態！

消費是隱藏的邪惡道德
公開的優雅犯罪

是消費讓人找到不存在
還是經由你
消費才真正地覺察到它自己的存在

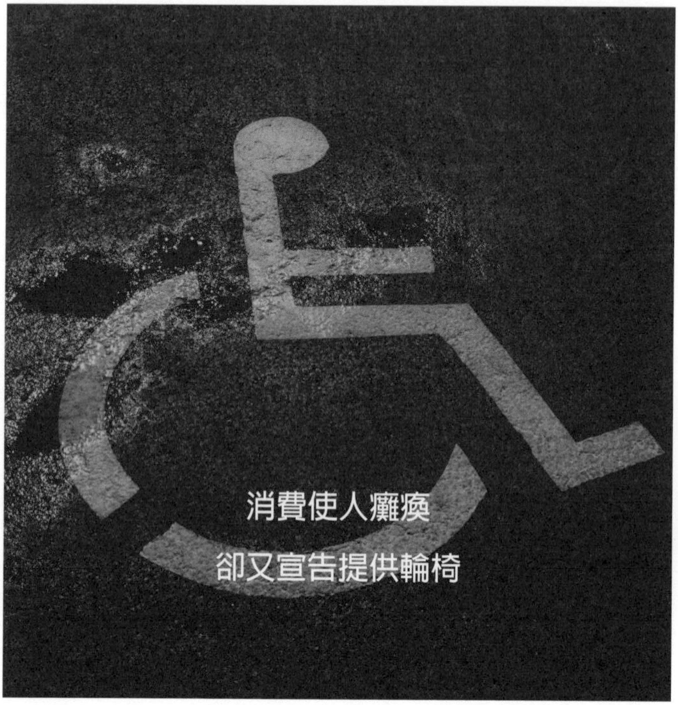
消費使人癱瘓
卻又宣告提供輪椅

製造恐懼永遠是最佳的控制策略
限量和短期優惠
容易讓人產生不安的錯覺

流行的普及擴張
就是自我的終結

垃圾經常是不得其所
放錯地方的資源

市場收編所有的對反

行銷就是一場哄騙，一種耍弄矇蔽的遊戲，它將非生理性的需求和欲求嵌入消費之中，這種社會性的需求和欲求，其實是一種假的需求。

哄騙是親密陌生人的幸福陪伴！

哄騙是一種共識，共同約定演出一場「假需求滿足和眞選擇自由」的遊戲[12]！

我們生活在一個創造需求而不是滿足需求的社會，滿足的需求不是絕對性而是相對性，別人的妒嫉就是最直率的讚美。

行銷可以收編所有的對反，甚至連時間都可以變成商品，娛樂時間就是資本家對於工

12 詳見陳智凱與邱詠婷《哄騙——精神分裂》。

作之餘休閒時間的一種補償，擴大商業娛樂就是延伸對於消費者控管。

消費者如果自覺過度陷溺於商業娛樂之中，行銷也能提供解藥，只是必須在電視廣告等地方才能接種疫苗。

廣告時間剝奪了清醒空間，消費者如果自覺對藥上癮，行銷也會加以催眠，「你的藥癮，不如清醒時的困境！」

消費是一個異化的過程，消費的追求就是自我的死亡，消費的內部化過程其實是一種被資本家外部化的過程。

流行時尚如果是終極美學，反覆的換季，不過是把前一季的醜給吸納而已！

行銷深知任何一種自由，都是另一種操弄和不自由的開始，透過不斷操弄的欲望刺激，造成人心有秩序的失序。

消費可以意味著自由，一種自由的退化，一種有自由成爲不理性和不自由者。消費欲望的自由也意味著焦慮，一種害怕作出錯誤選擇的焦慮。

扭曲，是煽動性和商業性行銷語言的精隨。

在行銷上，生產純粹爲了銷毀！

需求體系其實是生產體系的產物，現代的生產其實不是與匱乏相連，而是與過剩相連。也就是說，生產的目標就是爲了銷毀！

現代社會的貧窮不是指物質的匱乏和身體的苦痛，而是一種社會的狀態和心理的情境，一種被排除在正常生活之外，因爲達不到正常的消費標準所導致的羞恥、內疚和自尊低落，一種不夠格當個稱職的消費者，一種被拋棄、被奪權和被貶抑的極度痛苦。慶幸的是，這種匱乏和失格總可以被投射在產品上，只要消費就能消除！

不是人的意識決定人的存在，而是人的社會存在決定人的意識。簡單的說，人不是被社會階級所區隔，而是被沒有消費能力所區隔。

行銷挑動的欲求滿足，永遠只是當下瞬間的快感。事後的無聊感很快就會立即湧現，行銷就是讓人在欲求和無聊之間反覆輪迴。

一旦欲望受到了束縛，像是生命能量的喪失。任何的壓抑、匱乏和痛苦，都可以在行銷和消費中得到救贖。

行銷深知追捕的最高境界是釋放，出路其實是迷路。人們在出口和入口之間徘徊，行銷宣告可以讓人找到失落的出口，只是在這個不會再有出口的入口，最終人們連自己也成爲失落之物。

就像溫度之於樣態，量變終究導致質變。工業化大規模生產已經遭到困境，數位網路科技下的市場呈現極度破碎散亂。依照麥卡夫定律（Metcalfe's Law），網路價值等於網路節點（nodes）的平方，也就是數位科技下的市場價值就是客戶數的平方，這種市場價值的擴張成長，是指數性、非線性、非遞減和非常態現象。

數位網路科技時代，普遍化已經終結，散亂就是規律，在市場上求生的唯一態度，就是認眞地看待散亂。

罩極縱深的數位網路科技，可以全面編碼任何人的時空路徑，建構總體社會嶄新的秩序，沒有任何人可以逃脫。包括市場行銷的產品關係，已經延伸並滲透到任何人的深層私生活領域，人們爲了交換客製化的便利生活，結果反而遭到全面的監控。

破碎化不是市場的稀釋，反而是一種可能性的豐富。也就是說，傳統行銷的小衆或是分衆策略，在面對市場更進一步破碎化，需要不斷地變換、解構和重組區隔變數，必須採取更多向度和非化約的辯證思維，將失序破碎的消費者重新置入有序的市場空間，沒有脫離分類、沒有缺口地效率傳遞資源，因此市場成了馬賽克空間（Mosaic space）。

馬賽克空間市場，就是指市場是由變幻莫測的價值、需求和欲望所僞裝出來的一種抽象構念。

傳統行銷的區隔策略採取群集化，它將市場切割成爲許多群集，群間互斥但是群內類似。數位網路科技下，現代行銷的區隔策略應該採取反群集化，也就是透過不斷的編碼和分類，將更多變數與社會構面納入區隔策略之中，最終達到一對一目的。

反群集化讓區隔策略的座標，從二維、三維、四維擴增到多維，當變數擴增與無方向的移動，既定的座標定義也會跟著被否定改變，如同身處在北極時，所有的方向都叫南方。

現代市場的需求其實是一種，想像的缺口！

想像的缺口，讓人徹底墜入「想要知道自己是誰，必先知道自己不是誰！」的輪迴，滿足是永遠的無解。

符號是產品行銷的重要元素，符號從與其他符號的不同關係中獲得意義，也就是說，符號的唯一意義就是和其他的符號產生差異。簡單的說，產品本質上不必是有用的東西，它只要提供一種帶有意象的烏托邦想像即可。

現代市場正進入由符號生產取代產品生產的時代。

現代世界充斥著符號、意象和擬眞（simulations）[13]，美學化的幻覺導致眞實世界逐漸動搖。

現代行銷將眞實轉化為意象，眞實逐漸被意象所取代，眞實的產品逐漸成為擬眞的意象。

意象是一系列的符號，符號和產品交融產生作用，眞實和意象之間的界線逐漸瓦解，不斷流動的符號、不斷超載的感知，現代行銷充斥著符號的意象和產品的象徵，符號的串聯成爲連續的敘事，意象的激烈流動讓人體驗美學的幻想。

13 布希亞（Baudrillard）認爲擬眞對於眞實的破壞，主要透過四個階段，包括意象對於眞實的再現、遮蔽、扭曲與取代。他並提出了一個擬眞的有趣實驗。例如，設計一次假的搶案，選擇假的武器（避免眞實的傷害），以及假的人質，但是提出眞實的贖金要求，過程中要儘可能的逼眞，騷動要儘可能的擴大，藉此考驗警方的反應處理能力。不過，這項設計最終可能徹底失敗。因爲，擬眞會使假的事件和眞實產生混淆。警方可能眞的回擊，逮捕假的搶匪，並讓一切假的搶案，陷入眞實之中。這種眞實會將還原眞實的途徑完全堵死，於是一切都在擬眞之中成爲眞實。

現代市場提供一個擬眞的世界，擬眞並非眞實，亦非不眞，但是往往比眞實表現出更大的眞實價值。

由符號系統所建構的市場消費範疇，最終殘暴地歸納出人的範疇，現代社會的差異已經全部交由符號系統來決定。

現代人的主體性不是從存在感得來，而是從擬眞的意象中衍生出來。市場宣告可以讓人追逐快樂、減輕無聊和逃離眞實，只是這樣的欲求滿足僅在瞬間當下，事後無聊的感覺很快就會侵入。

行銷激起人們欲求的速度，永遠快過於人們抒發欲求與擁有之後的虛無感時間。

欲求的理由一旦消失，欲求目標的魔性也會立即消逝。

數位網路科技時代，人的自我形象是結合各種模型於一身，它排除了過去的種族、階級、性別和外貌等區別。

擬眞的世界是一個資訊和符號泛濫的世界，人們生活在訊息網路背後的模型之中，模型先於訊息，模型由一套擬眞、媒體、科技和消費共同編寫的符號所掌控。

在擬眞的世界中，人不再是主體，反而淪爲以文化、符號和語言爲主的客體，弔詭的是，人們浸染其中而不自知，也就是說，人與符號之間的主客體角色應該反轉，主體變成了客體，客體反成爲主體。

在擬眞的世界中，沒有所謂的內外，符號訊息只有內爆（implosion），模型之內到處存在的出口，但是卻到處都沒有出口的存在。人們的生活經驗被模型所框限，經驗就是一種超眞實（hyper-real），一種與身體延伸對立的意識延伸。

擬眞和實體之間的界限已經內爆，人們對於眞實的經驗已告消失，擬眞不再是相似的指涉性存在（referential being），而是一個沒有來源或眞實性的眞實模型，一種超眞實，一種過剩。如同領土不再先於地圖，地圖先於領土，擬眞先行，產生領土的是地圖。

現代世界是一個沒有意義的虛無，意義需要深度、向度和穩固，現代市場展開的是同一批意義已死的符號、凍結的形式，以及不斷變換的排列組合，隨著符號和形式的加速增殖，內在惰性過度成長，終至席捲自身造成崩潰。

擬眞的符號並非固定，它會一直包含隨意附加的意義，這個概念可以延伸至事物本身，儘管事物形式不會完全透出意義，它只是持續的詮釋而已。

在數位網路時代，客製化和擴增的產品組合和口味完全無關，它是由上而下，嚴謹的研究又有方向的流程，透過非模型化的大量數據滿足滿心期待的消費者，客製化就是將所有的可能性放在一起，並讓人可以自行去混合、去感動。

相仿是沈淪的前奏！

幾個世紀以來，品牌被塑造成是一種區辨，一種象徵，一種保護創作並且宣告異於他人的重要策略。然而，隨著市場品牌泛濫，選擇不再帶來自由，反而成爲一種耗弱。相仿、混淆和無差異的品牌，讓選擇變得毫無意義！

品牌必須不斷地擴大與競爭者的差異，讓自己成爲獨一無二的類型，即便是宣告痛苦與心碎，也是一項重要的差異化策略。例如，美國波士頓紅襪隊[14]年復一年地將奪冠失敗轉化爲獨一無二的品牌形象。

14 一九一八年，波士頓紅襪隊獲得美國大聯盟年度總冠軍後，球隊老闆爲解決個人財務問題，竟將王牌巨星貝比・魯斯（Babe Ruth）高價賣給死對頭紐約洋基隊，原本只是一件單純商業交易，波士頓紅襪隊卻在未來八十六年內與冠軍無緣，直到二〇〇四年才再度封王。坊間流傳當時貝比・魯斯獲知自己被交易出去曾說：「我詛咒紅襪隊在我死後一百年內永遠拿不到總冠軍！」這就是知名的「貝比・魯斯魔咒」（The Curse of the Bambino）。

產品未必只是聚焦於既有的類型，應該努力創造一個全新的類型，儘管產品的價值未必實質的創新，卻是可以重新賦予全新的意義。

品牌不只要被看見，更要被感覺，特別是信任的感覺，一種取決於諾言和體驗的落差，一旦諾言未被兌現，品牌幻覺就會自動破滅。

口碑事件是一種創造性的曖昧，創造一種讓人中魔的戲劇體驗。

表面隨機卻又精心算計的口碑事件，經常置入於電視與電影娛樂中成爲僞裝的廣告。

數位網路科技下的消費者剩餘可以被極小化，亦即市場可以採取完全差別取價策略，任何人專屬的使用經驗可以成爲訂價基礎。反之，傳統行銷採取的成本導向訂價策略，由於不是基於市場認知的最終價值，並且經常低估或扭曲智慧財產。因此，在數位網路時代，需求導向訂價比成本導向訂價更適合。

數位網路科技下，行銷透過追蹤任何人的時空軌跡，傳遞超越客製化和差異化的產品和廣告訊息。數位網路科技下的時空，是一個壓縮、破碎和模糊的概念，例如，親密和遙遠越來越難以定義。

過去人們對於時間的線性概念，已經逐漸被網絡、過程或瞬間等其他相對情境所取代，空間不再是全球化的障礙，而是一種近乎同步傳播和立即回饋的常態期望，也就是說，光速成爲最終的唯一限制。人際網絡之間的距離，最終會收縮到以光速來運行，網絡的立即時間對抗了日常的鐘錶時間。

廣告帶人前往幻境，讓人在時空中反穿越。穿越是移動，反穿越則是停留，一種透過移動達到的停留，停留在一個美好的想像世界。

變動的欲望是一種不動的慣性，不動的慣性就是欲望的詛咒。

數位網路科技下的廣告，面對的是由身體定位自我，透過知覺認知找到與外界相對位置的超時空。廣告透過時空壓縮的媒體運作，以效率化及客製化的方式來到潛在消費者面前。簡單的說，現在的消費者都是透過網路自己跑到廣告面前。

數位網路科技下，廣告的刺激成爲一種觸覺傳播的誘惑，互動性則是廣告時空壓縮下的一種延伸狀態。

閱聽者才是媒體影像的眞正螢幕，影像如同不斷轟炸的馬賽克網格，需要閱聽者不斷地形成消費輪廓。

廣告將符號商品化，它讓欲望進入符號系統，從一個符號瘋狂地飛行到另一個符號，眞實符號已經取代眞實本身，消費者永遠沒有機會認識自我，意即隨著廣告的符號擬眞、時空壓縮和再現、休閒和工作時間混合，持久性的自我早已被集錦式的認同如隨機欲望、短暫和意外所取代。

受控制的不受控制。許多節慶儀式和各種嘉年華活動，都是現代人對於過度規訓社會的復仇，透過非約定的失控來復仇約定的控制，其間的顛覆、踰越和放逐都可以被正當化。

狂歡儀典的顛覆和踰越，可以帶來直接和通俗化的情緒解放和愉悅奇想。狂歡儀典如同是一種臨界空間（luminal space），日常生活可以被完全的顛覆和放逐，讓人得以在此一臨界空間實現荒誕幻想，透過意象召喚愉悅、刺激、狂歡和失序，意象的體驗透過自我控制完成。

在文化上，儀典可以是一種救贖，一種對於週期性的復發躁鬱的間歇治癒。

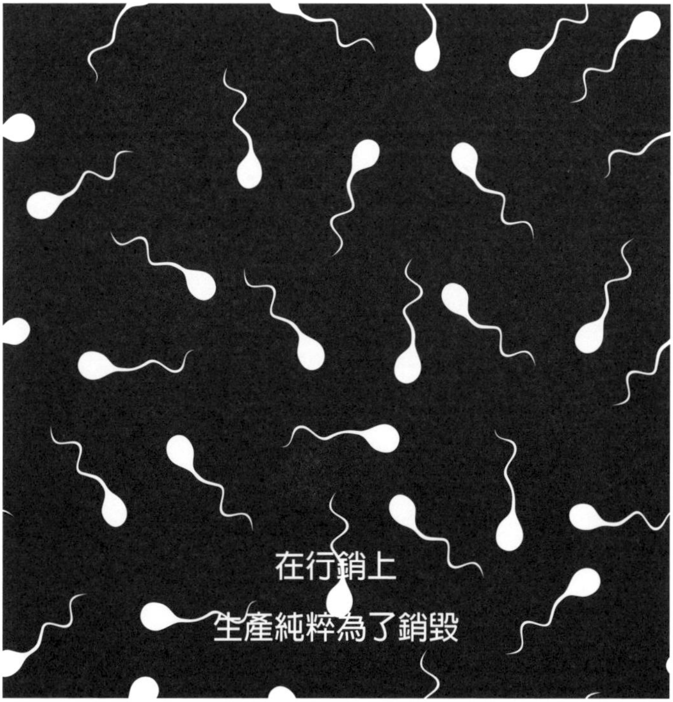
在行銷上
生產純粹為了銷毀

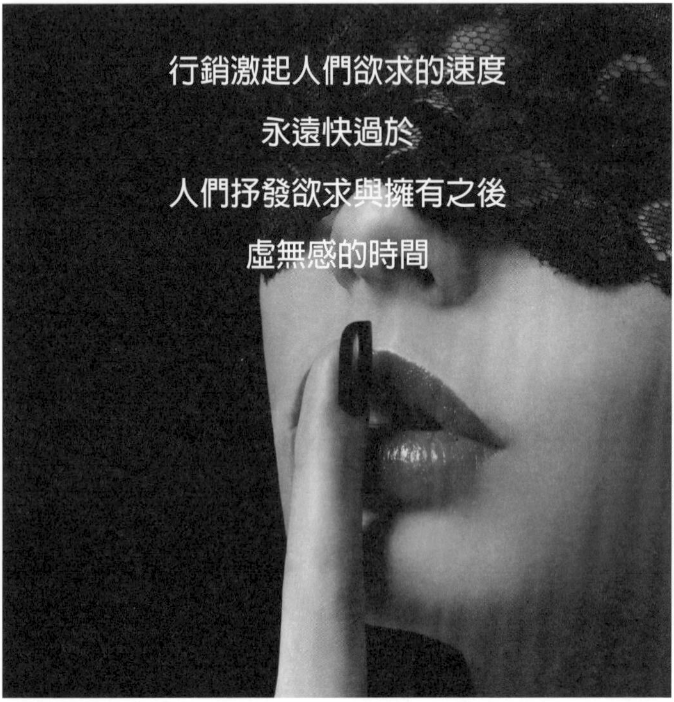
行銷激起人們欲求的速度
永遠快過於
人們抒發欲求與擁有之後
虛無感的時間

行銷深知
追捕的最高境界是釋放
出路其實是迷路

相仿是沈淪的前奏

廣告帶人前往幻境

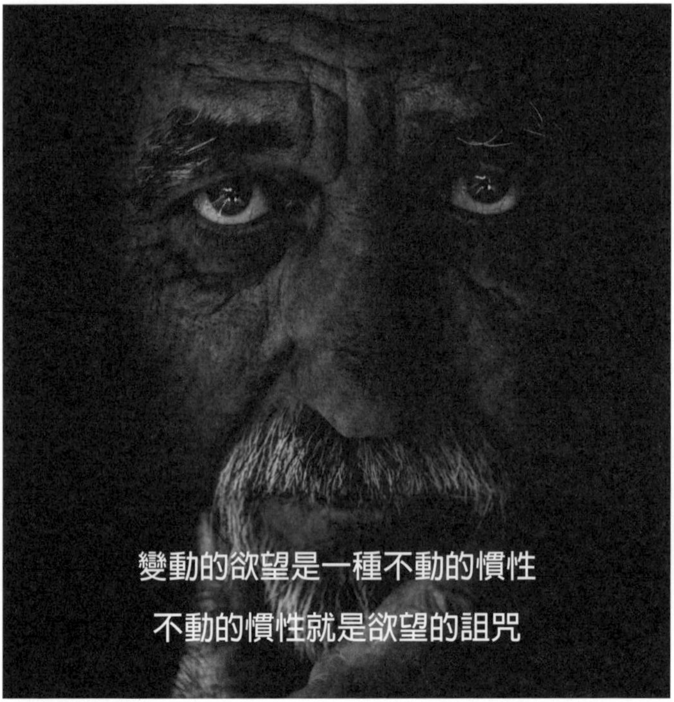
變動的欲望是一種不動的慣性
不動的慣性就是欲望的詛咒

延續的不延續

定義正常的同時，異常也被定義了。

異常，是對於正常與標準及其衍生的增殖失去容忍與信心。

不考慮異常是一種安全的策略，但也是一種不會產生創新的安全。

差異，會對於自認異於主流者產生極大的魅力吸引。

凡有規則，必有例外。

經由特定的觀察建構出通則，概括（generalize）於是產生。如果找到例外，就能證明概括有誤。像是找出一隻黑天鵝，就能否證數千萬隻但天鵝不是白的事實。

通則不容許例外，否則就不是眞正的通則。

科學是從概括到特定的一種預測，是經由「檢證」（證明爲眞）與「否證」（證明爲僞）的一種手段方法。檢證傾向於證實通則概括，否證則是反駁通則概括。

直白的說，科學就是以醜惡的事實來殺死華麗的假說。

科學哲學的基本態度：「所有的原則都是暫定的，包括這項原則。」

當某項命題（thesis）被肯定，它的對照命題（antithesis）也在暗中獲得地位。換句話說，當我們擁抱了好，同時也接受了壞；擁抱了善，同時也接受了惡。

眞理就是先驗的知識，經驗就是後天的歸納。

理論是描述眞實世界如何運作的觀念，是經驗的心理模型，是解釋現象的故事，具備有預測的能力。

事實，是存在的現實。理論，是一種看似可信的解釋模型。虛構，是借用事實來點綴的逼眞捏造，例如歷史劇。謬誤，是根本就不存在的東西。

科學說穿了，就是只要假設和經驗不符，它就是錯的，如此而已。

一旦作出了假設，人們就不再客觀。

科學就是用一些現象來解釋很多現象的過程，用最少的變數去解釋更多的現象，發揮最大的槓桿作用。

複雜的問題不會有簡單的答案。環境快速變化，複雜來自於考慮的因素太多，但是人們習慣於選擇一個簡單又輕鬆的答案。

純粹是思考的必要之痛，複雜化比簡單化容易多了[15]。

九一一恐怖攻擊事件之後，美國各地賣出了數千套防毒面具，遺憾的是，像是玩具般的假防毒面具，成了美國人解決複雜問題的簡單答案，儘管它是假的答案，錯的答案。

解決問題本身潛藏一個最大問題，也就是任何顯著問題都是當前世界觀的再現和延伸，我們應該學習的是，如何解決還不存在的問題。

科學進步不是人類持續的運用理性，而是週期性的典範轉換，從舊典範到新典範是一

15 純粹化與簡單化可以發揮強大力量，例如，一九七九年，英國保守黨只用了三個字「工黨無用」（labor isn't working）就順利贏得大選。《共黨宣言》開頭「一切現存社會的歷史都是一部階級鬥爭史。」結尾「全世界無產階級聯合起來！你們失去的只會是鎖鍊！」

種非理性的轉換。

常數的任意性無從解釋，但它經常是最完美理論的關鍵瑕疵，並且更顯理論之美！

科學分析的聖杯，叫作處理效果（treatment effect）[16]。

瑕疵的資料可以輕易地將正確證明爲錯誤，儘管證據會說話，但是並不包括被忽略的變因給污染了的證據。

對於科學的態度，簡單的說，就是對於信仰的不信仰，對於不信仰的信仰。

從高估的歷史資料推導出錯誤的結論，如同從一棵高聳的神木推導出整座森林，問題在於採用一套已經遭到扭曲的錯誤樣本。

避免產生機率的謬誤，應該用絕對值來取代百分比。例如，當新聞報導病毒的感染率提高了百分之百，人們心中將會產生多大的恐懼？事實上，發病者由一個人變成了二個人，發生率由零點一上升到零點二。

16 對於被觀察的個體，包括人、動物或物件，施以不同的處理之後，量測感興趣的變數反應。

安慰劑（placebo）效應[17]，可以有效改善。反安慰劑（nocebo）效應，則是有害惡化。

駁斥觀念的最佳策略，就是提出一個更好的觀念。

玻璃破了，因爲玻璃易碎！這種循環證明的論述，簡單的說，就是套套邏輯（tautology），就是一堆有說等於沒有說的廢話。

我們的年度財務報表每年都會編製。歐巴馬不是在二〇一六年卸任，就是在其他年份。

低投票率就是前往投票的人數很少。出口貨物絕大多數都是銷到國外。以上都有一個共同點，廢話。

不存在必定存在，這是一種古典的錯誤推論。簡單的說，因爲不存在是不存在，所以不存在存在；因爲未知被知道是未知，所以未知是已知；因爲存在著不可能，所以不可能是可能。

17 一九五五年，畢闕（Henry K. Beecher）提出安慰劑效應（placebo effect：placebo 拉丁文意「我將安慰」），又稱僞藥效應，是指病人雖然獲得無效治療，但卻相信治療有效，症狀並且獲得舒緩的現象。反之，反安慰劑效應（nocebo effect：nocebo 拉丁文意「我將傷害」），是指病人不相信治療有效，病情反而惡化的現象。

訴諸於無法證明或是未被證明爲誤的命題，不代表這種論證已被證明。例如，鬼一定存在，因爲沒有人證明鬼不存在。外星人一定存在，因爲沒有人證明外星人不存在。

人類擅於識別模型，卻不擅於識別非模型，即使是隨機散佈的點都能看出模型來！

模型是對於世界的簡化和近似，它是對於現實特徵的一種抽象化。限制性的模型是抽象、簡潔、清晰但也更不眞實。相反地，非限制性的模型是具體、脈絡、不清晰但卻更眞實。

爲了理解，必須簡化。純粹之後，經常是捨棄的和包括的一樣多。

研究台灣六次總統大選，可以是樣本等於一、六和六百萬的研究，差別在於研究對象的不同，分別爲選舉制度、每次選舉和每位選民。

除非你是上帝，否則請帶數據。然而，再精確的數據如果沒有賦予意義，一樣是毫無意義。

除了科學，其他一概不信！這是一句很有效的論辯策略，不過也是一句很懶惰的推托之詞。因爲科學再怎麼高明，也只是還好而已，畢竟科學家也不是無所不知。

推論是用已知去理解未知。未知是問題意識、理論與假設，已知是我們的觀察資料。世界是機率性或決定性？機率性強調隨機變化，隨處可見，無法消除，即使測量毫無誤差，仍然無法完美地預測世界。決定性強調隨機變化是現實的一部分，是無法解釋的一部分，只要納入正確的解釋變數，世界就能被完美地預測。

論述越是曖昧不明，犯錯的機會越低，有用的機會也越小。只不過，犯錯比曖昧不明更有價值。

一個錯誤失敗的個案選擇，可以毀掉一個精緻有效的因果推論。

如果結果沒有變化，我們無法從中學習到因果效應。如同只研究革命卻想解釋為何發生革命，只研究戰爭卻想解釋為何爆發戰爭。

歷史是一種選擇性的磨滅，只有石頭的歷史，沒有木頭的歷史。

置身橫向與縱向的思維，當我們在不對的地方深掘，事實上可能於事無補，或許我們應該換個地方重新來過。

眞理和眞實都是文化構念，人的觀念都是社會構念，經驗決定了眞理，從來沒有所謂的客觀，我們所想的都是文化經驗的反映。後現代認爲，理性和客觀都是一種天眞與幻覺。

如果眞理的對立面也是眞的，那麼眞理有何用處？

觀念會在眞實的世界眞實化，人類的世界是一個想像的世界，想像的重疊會產生共識。

直面浩瀚無垠的宇宙星河，人類如同置身於遍佈野狼的森林之中，沒有人會公開揭露自己的位置。

當焦點轉向內在的思考，遠離外界感官的刺激，我們稱爲反思。

認知偏差，是對於支持的證據，給予更優惠的待遇，並且對於相反的證據全然駁斥。

搜尋資訊的目的，經常是爲了支持自己，而不是質疑自己。

眼見爲憑雖然是一種理性，但卻極容易把人帶向錯誤。羊群效應，就是憑著理性來因應不確定性的一種悲劇。

如果羊群效應是一種人云亦云的悲劇。由於反對主流的人將不受歡迎，因此，越來越少的人願意表明自己的態度。

迷途的旅人問路：「可以指引我往拉薩的方向嗎？」當地人回答：「如果我是你，我可不會從這裡開始。」

事實與虛構是光譜的二端。左邊強調代表、特別、詳細，例如，拍攝一張眞實的房屋照片。右邊強調抽象、普世、簡化，例如，用簡單的方格構圖來象徵房屋。

眞理不是被發現而是被創造。換句話說，眞理就是你所相信的，理性都是一種文化偏見，後現代的眞理就是捉摸不定。

現代宗教是「萬物爲一」，後現代宗教是「一等於萬物」，兩者其實並沒有合理多少。

文化地圖和自然地圖剛好完全相反。文化地圖，由簡單二元模型開始，隨著眞實世界的經驗累積，增添更多的細節更多的細膩，文化地圖更能精確地去描繪眞實世界，於是我們就變得更有文化。

自然的法則是從複雜朝向簡單發展，文化的法則是從簡單朝向複雜發展。

道德價值深植於文化，並非大自然對此沒有興趣，而是根本無法理解。

道德對於某些族群人類是常數，對於另一族群人類可能是變數。

隨著自然和文化的分家，占星術讓位給天文學，鍊金術讓位給化學，而宗教也得讓位給哲學、道德、文化史。

當變奏達到了極致，改變最初的度量、假設或標準，或許就可以再重新活化。

文化讓我們遺傳到的洞見、偏見、假設和推論，變得有意義。

自然生態系統會因爲熵（entropy）而呈現報酬率遞減，但是人類的知識和構想卻可以一直持續下去。

我們自己與其他文化的世界是隔絕的，其他文化的人與我們自己的世界也是隔絕的，語言就像是一個牢籠，它不是用來描述眞實，而是用來創造眞實，除非控制產生偏見的語言，否則人們永遠無法創造沒有偏見的社會。東方哲學揭示：「道可道，非常道，名可名，非常名。」

語言創造現實世界，而不是用來描述或反映現實世界。歷史不過是語言符號的次系統，至於文化史則是在解構歷史的意義，而不是在尋找歷史的因果規律。

當重大事件發生，可能導致該事件發生的一切原因，也會變得非常重要。針對這種現象的一種流行說法，我們稱爲陰謀論（conspiracy theory）。

在心理治療上，治療師努力從自己的文化背景去了解病人，說穿了，心理治療就是一種把自己的文化強加於病人身上的一種過程。

在複雜的系統裡，幾乎不太可能會完全以線性方式發展，通常在越過特定界限之後，系統的反應就不再和引起反應的原因形成比例。換句話說，一旦進入了非線性的狀態，下一步會發生何種速度和規模，人們已經很難有效地預測。

不確定的東西不可能數學化，反之亦然，數學化的東西也不再是不確定。堅守貞潔的性，就是這樣的道理。

無限大，就是在可以運用的時間之內，超出人們可以計算的數目。

空，就是非獨立的存在。就像眼前的一棵大樹，是由種子、陽光和水的非獨立緊密結合所產生的結果，長期生長過程，只要任何一項要素消失，樹就不再存在。

在數位網路世界，人的行爲都會被化約成爲系列數據，數據會形塑人的行爲，然後行爲再被化約爲系列數據。

透明人的現代意義，不是別人都看不見我，而是別人都有機會可以看透我。

現代記者，名稱叫作感應器與演算法。

人們會遺忘，但是輸入法不會！

大數據，就是學會用數據來說故事。讓人做人的擅長，讓電腦做電腦的擅長。提煉數據用的不是用A＋B或A×B的線性思維，而是AB的指數思維。

人類利用科技但也永遠受其影響而改變，並且回頭再以新的方式來修正科技；於是人類成爲科技的性器官，因此繁殖並且演化出全新的形式。科技回報人類的方式，就是進一步加速達成人類的慾望。

模擬並不是針對特定指涉的物體而進行，而是經由奈米單元、矩陣、記憶庫與指令模組，產生一個沒有起源或眞實的超眞實（hyperral）。

數位網路已將社會瓦解爲極度破碎狀態，結果不是導致更多的創新，而是更多的完全慣性，完全的熵——能趨疲。

檢查碼，就是由其他數字透過演算法而計算產生的最後一個數字。因此，錯誤修正的演算法，可以經由仍然存在的部分，重新架構遺失。

不管數位搜尋的方式有多強大，它永遠受到資料庫的侷限，找到的永遠不是眞實，而是廣爲接受的錯誤。

線性時間雖然有價值，但是其重要性已經逐漸被網絡、瞬間或過程等其他的相對情境所取代。

不斷移動的向量，空間最終轉變爲時間。

人類的自由隨著速度的提昇而逐漸消逝。

順序建構了不可逆轉的論述[18]。

審查的存在營造出一種錯誤的安全假象。

鳥瞰審查，就是從一個完全看不到細節的高空進行評論。

系統是經由交換或溝通形成連結，產生自己的規則，系統需要符號，符號扮演媒

18 電影影像或四格漫畫是一個接著一個登場，它們出現的順序建構了劇情發展。

介。在經濟裡是貨幣，在科學裡是眞理，在政治裡是權力，在宗教裡是信仰。

法律原則永遠無法反映普遍的眞理，它只能反映社群間之間的權力分佈。

選擇立場，別裝客觀！所有法律觀點的矛盾在於，它都可以解構出二種以上反向與競爭的動機、目的與力量。這些矛盾，留下了自由與選擇的餘地，於是讓法律懸而未決，無法提供一個穩定而有意義的判斷指引。

鱷魚的法則，越是掙扎，越是咬緊。唯有犧牲一腳才能活命。

鯰魚的效應，在沙丁魚當中放入鯰魚，可以提高沙丁魚的存活率。在團體中加入極端的異議份子，可以發揮攪拌的作用。

刺蝟的法則，保持合適的距離，可以既溫暖又不會受傷。

手錶的定律，同時攜帶兩只手錶反而更加混亂，讓人對於準確更失去信任。

木桶的法則，木桶的條板長短不一，最後的盛水量取決於最短的那一塊。

藝術是對於理性的復仇，理性的方法在藝術當中毫無用處，天眞的念頭會是最好的策略。

無用，經常是區別心智健全與否的關鍵因素。

設計是一種觀看的方式，設計完成的只是一半的過程，剩下的是留給有興趣的人參與。

抽象是一種視覺的語彙。

色彩，就是光線。

觸覺，像是一種靜態的、有限的視覺。

地理是空間的歷史，空間是思維和權力論述轉化爲實際權力關係的地方。

空間是歷史的呼吸。

物質空間的消逝，最終只剩下時間。

空間是呼吸，是微波穿越，可以讓各種想法從公共領域傳入私人領域。

建築與空間規畫，展現的是權力的如何運作，讓人進入特定的行爲規訓與依附模式，當人們拒絕依附，則被圈禁於特殊場域之內，例如，監獄或是貧民區。

純正性是一種凌駕於空間權力的文化形式，它是一種對於老舊城市的勞動與中下階級，讓他們無法負擔在此正常生活的一種施壓。

純正性也可以是替任何群體獲取所有權的一種手段，包括對於過度開發所衍生的負面效應，一種公開宣告戰鬥的重要武器。

未來學，就是時間相隔得越久，逃脫的時間越多，甚至連逃都不用逃。衆人紛紛成爲趨勢專家或是未來學者，因爲時間會自動轉換成爲空間，因爲時間會帶來失憶、遺忘，並且讓人感到平靜。

知識的光環不能衍生成爲全面的桂冠。學者，說穿了不過是一隻訓練有素的小狗。

越是遠離應該功能正常的系統，越是容易讓人去思考道德的問題，例如，當頭銜增加了卸任或前任等前綴用語，這時就可以發揮相當的功效。

我們並不是因爲缺乏理性，而是因爲有太多細微的理性決定，因此讓人越來越不理性。

豐富的經驗是思考的最大敵人，不是失敗爲成功之母，而是成功爲失敗之母。因爲成功會讓人停止思考自身行爲的意義和後果。

在法庭上抗辯，應該放棄薄弱的論據。就像額外增加一個平庸，結果只會降低整體的價值。

知識份子，就是不屈於權勢，反對勾結，勇於批判既定成見，解構或簡化思維，積極介入政治辯論，並且挑戰爲強權服務的獨裁論述。

很多人認爲，早期的胚胎與後來的我完全相同。但是也有很多人認爲，早期的胚胎與現在的我差異太大，因此，不能算是我。

一連串的小改變可以集體形成一個大改變，而且不再是原來的物體，我們稱爲「延續的不延續」[19]。

19 紀斯·馮·迪姆特（Kees van Deemter）《將模糊理論說清楚》書裡引述一段一九九〇年倫敦高等法院的有趣判決，一位出售名貴跑車的賣方控告買方取消交易，因爲買方提出名車已經替換太多零件，不再是眞品。最終法官判決賣方勝訴，因爲新零件在長時間內緩慢替換，已經內化爲名車整體的一部分，因此車子並未失去最初價值。

定義正常的同時
異常也被定義了
不考慮異常是一種安全的策略
也是一種不會產生創新的安全

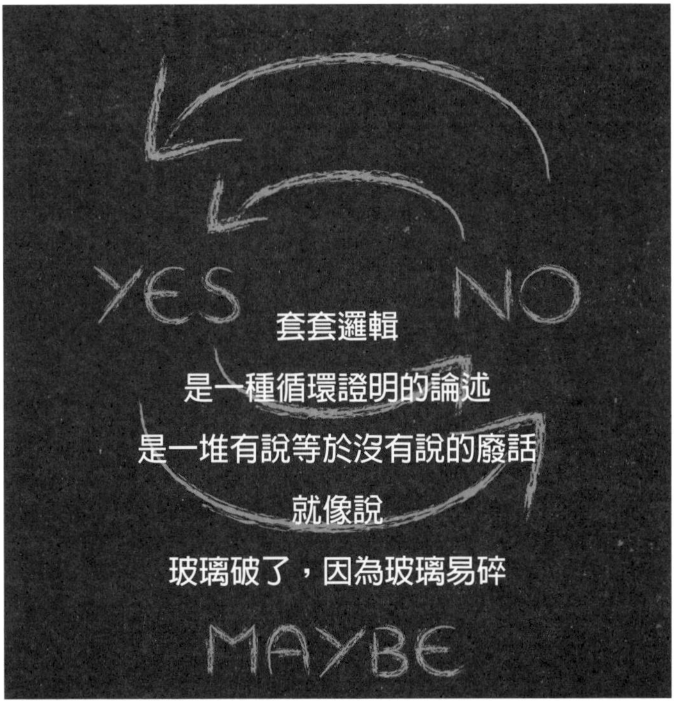

套套邏輯

是一種循環證明的論述

是一堆有說等於沒有說的廢話

就像說

玻璃破了，因為玻璃易碎

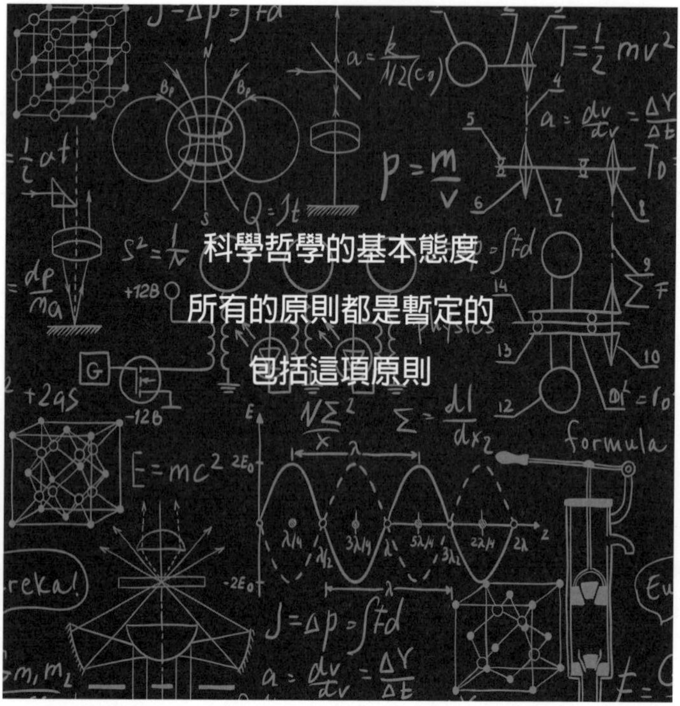
科學哲學的基本態度
所有的原則都是暫定的
包括這項原則

歷史是一種選擇性的磨滅
只有石頭的歷史
沒有木頭的歷史

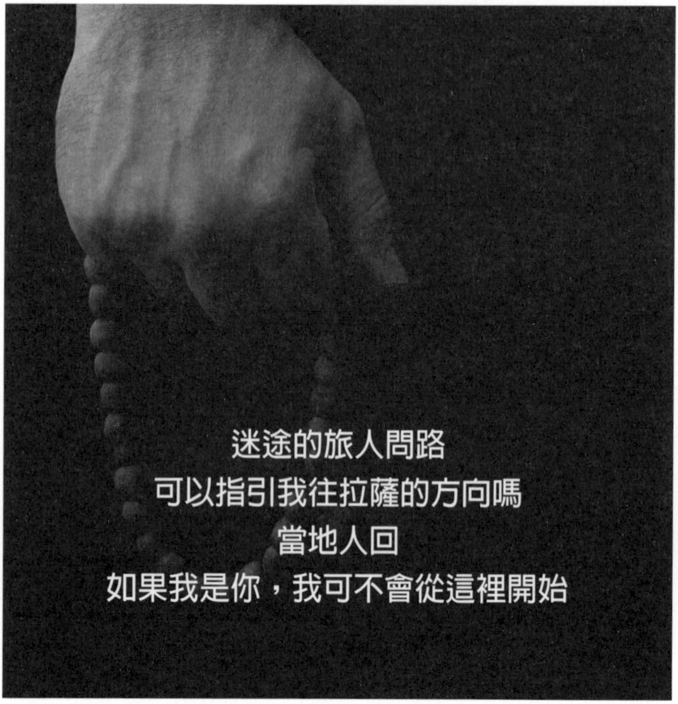
迷途的旅人問路
可以指引我往拉薩的方向嗎
當地人回
如果我是你，我可不會從這裡開始

一連串的小改變
可以集體形成一個大改變
而且不再是原來的物體
我們稱為
延續的不延續

扶手椅上的旅人

在混亂中，閱讀讓人守住秩序。

故事不同於科學公式，它排斥清晰明確的解答，故事的目的在於提出問題，到頭來並且繼續成爲問題。

故事就像是湖面倒影，可以讓人看見看不見的東西。

我知道你以爲明白我說了什麼，但是你聽到的其實並非是我的意思。

二維的隨機總會相遇，三維的隨機幾乎爲零。一旦收起翅膀，相遇終會發生[20]。

20 科學松鼠會《冷浪漫：你的感性其實很理性》其他經典語錄「湍流是高雷諾數（Reynolds number）的結果，經常是由障礙物所帶來。曠野狂風本是無聲無息，只有站在田野裡，才會在你的耳邊唱起風聲。」「宅，禁錮內外，各有洞天。你宅在數學公式、物質結構、電子網絡、暗碼密鑰，我從透明的透視中透射，對新的生態做一番演繹。」

印刷術是語言的工業化。電腦則強迫人類世界羅馬化。

不在的無所不在，扶手椅上的旅人。

既然靈魂可以自由旅行，又何必強迫身體遷移，既然想像已能充分享受，又何必強迫它們實現[21]？

監獄把人們關在裡面，遊樂園把整個世界關在外面。

建築與任何的人造結構，都是寫在大地上的故事，它們可以被閱讀和詮釋。

旅行、時尚和建築都是人們作夢的痕跡。

地獄的恐懼是標準化，人間的恐懼是客製化，沒有愛的人間，有時比地獄還要地獄。

鬼是內在恐懼的外在形象。

不會窺視記錄人們眼球停留時間的紙本書，讓人開始懷念。

21 詳見波特萊爾《巴黎的憂鬱》裡的〈計畫〉（Les Projects）。

藝術是由框架所構成，畫框是每一幅畫中最美的部分。

畫框之外，剩下的就是社會空間、文化和脈絡。

篩選就是一種框架。系列的篩選，就是透過連續的和多樣的框架進行決策。

每一幅畫、照片或觀點所要表達的，不只是被納入的東西，還包括被排除的東西。

煙霧，可以讓物體的邊緣變得模糊曖昧。

空間是藝術的呼吸。空間的拉扯經常帶有詩意，就像是透過介入空間傳達意識的行動藝術。

均衡並非都是完美的對稱，也包括在緊張之下達到的均衡，在動態卻又和諧的不對稱當中，在偏離中心的位置立足，一種在非均衡槓桿之下的均衡。

美麗不必然都是完美的對稱，也可以是一種時間或空間的關係，包括不協調但卻平衡和諧的不對稱。

繪畫是一種加法的概念，在畫板上一筆一筆地將物件逐漸擴散。攝影則是一種減法的概念，將被拍攝的物件快速聚焦於特寫之中。

生物基因是垂直傳遞，經由人體作爲媒介，傳遞的方式受到限制。

文化基因是水平傳遞，可以經由任何的媒介，包括語言、文字、言談、舉止、藝術、電影、音樂與時尙流行等。

文化是由文化基因所組成，而不是由生物基因。

文化基因的複製，全面超出了生物基因的複製。

文化是大腦之外的備份紀錄，扮演著外部記憶的角色。

文化將特定的事件轉化爲意義，將代表性轉變成爲象徵性。神話，就是透過這樣的過程創造出來。

語言、文字都是可以發出聲音的文化基因。

書寫，也包括人類所有的言談、舉止、舞蹈、行走、繪畫都是。

透過文字可以觀察人文風俗，文字綴飾著人類的集體記憶。

如果想要重新設計一個社會，首先必須先重新設計它的文化。

文化就是一張地圖，具有重繪特定社會結構的能力。

文化就是一種特定的偏見，可以告訴自己我們是誰的故事。

想法需要被內部化，然而再外部化。

當想法被外部化，當外部化變成了實體，它就變成了一個投入產出系統，人們可以隨意地去發展或重新思考，在持續的循環回饋中，外部化的想法會變成新想法的誘因，於是創新就成爲一種內部化、外部化、內部化、外部化的輪迴。

如果內部化是一種主觀，外部化就是一種客觀，因此，創新也是一種主觀、客觀、主觀、客觀的輪迴。

矛盾是，當只能二選一時，心智便已失能，創新成爲幻象。

人類的書寫，其實是一種頻寬的問題，一種受限於格式轉換瓶頸的問題[22]。

22 書寫的演變從最初擬眞的象形圖畫，逐漸變成系統化的抽象象徵與簡訊速寫。每種格式都將原始的經驗做出必要的轉換，以符合當時特定媒體的有限能力，例如，石碑、竹簡、羊皮或是草紙，這些都存在著不同媒體的限制，也就是不同頻寬的限制。數位網路時代出現格式逆轉，頻寬的限制逐漸消失，於是人們重新回到圖形豐富的書寫，符號再度成爲更像眞實世界所象徵的標的物。

在數位虛擬的時代，任何實體物件都很忙碌，忙著從實體空間轉進到虛擬空間。

對於數位創作而言，原件，根本並不存在。

數位網路時代的資訊傳播，觀念並不存在領袖，因此也無法被斬首。

文化不再是由地理位置來界定，而是由選擇聚在一起的社群，並非偏遠困在一起的地理。

在現代社會，完全不被監控幾乎是不可能，這是人類有史以來最安靜的恐怖主義。

觀念傳遞的去中心化，是指將傳統官僚訊號的垂直遞減，轉換成爲水平訊號的擴大回饋。

數位虛擬下的心智延展，把我被撞到了，取代我的車被撞到了。

一個人的根源，不是依據生物的進化論來定義，也不是依據政治的國籍論，更不是透過難以分類的族群論，而是簡單到不行的，家。

任何人都無法與他的地方全然劃分，他，就是他的地方。

天氣是英國的主要宗教。人類的主要宗教是故事，故事才是主體，人類其實是客體。

抗拒現實經常是書寫的動力，讓人與令人窒息的存在困境取得和解。

旁觀他人的傷痛，如果不存在任何的觀點，說穿了只是一種不道德的窺視淫慾。

欺騙者，就是以不道德的方式控制他人，旁觀他人依據錯誤的資訊作出反應。被欺騙者，就是看著他人羞辱自己。

感動必須與自身連結，否則並不存在任何的意義。

客觀不過是一種錯覺，就像攝影所追求的眞實，多少會受到攝影者的偏見所影響。簡單的說，任何創作的過程都是一種主觀。

人們在重組自己的偏見時，經常以爲自己正在思考。

爲反對而反對，就是在某些議題上，站在對立面，卻沒有作爲對立面的觀點。

職位、服裝、頭銜都是假象，都是一場幻覺。

努力工作追求名利，然後再到這些都不重要的地方。

名利是人生的便宜行事。

制服讓人匿名化。

犬儒，就是一種有意識的無意識。

平庸的邪惡[23]，最平庸的無害經常是最冷酷的爲害。

當還有很多人沒有墳墓的時候，過去就很難被輕易地遺忘。

旁觀一群人時，我永遠不會行動。

不是「雖然有很多人目擊攻擊事件，但是沒有人報警！」而是「因爲有很多人目擊攻擊事件，所以才沒有人報警！」[24]

23 國際知名政治學家漢娜．鄂蘭（Hannah Arendt）在其著作《平凡的邪惡：艾希曼耶路撒冷大審紀實》描寫她全程參與一九六一年四月十一日在耶路撒冷法庭舉辦的納粹戰犯審判活動。漢娜．鄂蘭透過現場觀察，提出「邪惡的平庸性」概念。她指出邪惡本身並非得如希特勒般，也可以平凡展現在任何人身上，其作用不亞於納粹暴行，本書在一九六三年出版後，成爲思辨正義與邪惡問題的經典之作。

24 一九六四年，紐約市發生一起令人髮指的案件，住在皇后區的珍諾維絲（Kitty Genovese）被當街刺殺身亡，當時有三十八位鄰居從窗口目睹歹徒長達半小時的追殺，但是沒有一位目擊者報警，令人驚訝都會生活的自私自利和人性泯滅。

我們不知道系統出了什麼問題，但是我們知道系統讓我們出了問題！

當我們說這是一個系統和結構的問題，就表示我們不知道問題出在哪裡。

最禁慾、最端莊的維多利亞時代，造就了最淫穢、最敗德的英國[25]。古今中外，宣稱最依法行政、最講究人權的政權，經常也是最貪腐、最殘暴的政權。

人定勝天？科技無論多麼卓越，大自然永遠記得回家的路。

各種評鑑或審查，眞正的潛台詞其實是形式、干擾與造假。

無意識就是一種空洞的眼神，彷彿可以讓人穿透靈魂直視渺茫。

癮的定義：用尼古丁醃過的嗓音，用臉書醃過的社交，用強迫症醃過的消費。

空間不同於地方，它是一種缺乏意義的場域。若將意義投注於特定的空間，然後再以某種方式命名，空間於是就成了地方。

25 一八三七至一九〇一年，英國維多利亞時代倡導清教徒式的性愛觀，女人不是貞女就是娼妓。在當時若隨意與任何女人發生性關係都是亂倫。有趣的是，當代的英國也大量出現佚名作者書寫的色情刊物，維多利亞時代也是妓女、性病、性變態大行其道的時代。

地方是在權力脈絡中被賦予意義的一種空間形式。

觀者通常位居於地景之外，地方則是觀者必須置身其中。

全球化就是在地化，傳統其實是一個非常強大的差異化要素。

秩序、排列和位置，是一種以空間進行定義的記憶。

喜劇，是對於卑微人物持續出錯的一種俯瞰；悲劇，則是對於高大靈魂受苦的一種仰望。

明星通常是躲著影迷，新人經常是尋找影迷。明星通常是展現靈魂，新人經常是展示身體。

生命中不可承受之輕[26]。一段小插曲，卻產生大影響，甚至達到無法承受的重量。

面對突然而來的困境，人們經常覺得應該作些什麼，而不是什麼都不作。有時候靜心

26 米蘭·昆德拉最知名也最膾炙人口的經典之作《生命中不能承受之輕》，故事以「布拉格之春」為背景，描述蘇聯入侵捷克，知識份子逃亡海外，小說透過一系列愛情故事，帶出對於政治、文化與人類境況的嘲諷與省思，本書後來改拍成為好萊塢電影「布拉格的春天」。

等待什麼也不作，可能是更爲理想的反應[27]。不是我作了些什麼，而是我沒作些什麼。

在法的門前[28]，卡夫卡說，不要以爲自己少作了什麼。

特權可以給人利益，但卻無法給人不受拘束的自由與安全感。

歷史是由活人和爲了活人而重新建構的一種死人的生活。

出軌是人類的天性，守貞其實是一種文化的產物。

偶像劇，是女性的春藥。

關係開始於對於他人的想像，然後，隨著他人的適度回應逐步展開。想像和現實互相

---

27 以色列科學家發現，足球場十二碼罰球的一個特殊現象與有趣問題，在十二碼罰球時，守門員必須對每一球作出立即反應。通常他們會選擇主動攔球，而不是靜靜站在球門中間。研究顯示，九成五的守門員會採取左右跳躍的標準動作。然而研究結果證明，一百個球中有二十八次應該站在球門中間才對，因爲那裡正好是罰球落點。

28 卡夫卡《審判》書裡的一段故事。一位鄉下人走到「法的門前」，請求守衛讓他進入，但是守衛說現在不行，並且說門內還有很多守衛，雖然他有權力，卻是最卑微的，其他守衛都比他更有權力。法門雖然一直敞開，鄉下人卻始終不得其門而入。於是，他一直在門旁等待，年復一年，直到鄉下人接近生命終點，他以微弱聲音問那守衛：「每個人都想到達法之前，但爲何我等了這麼多年，卻沒有任何人來求見法？」守衛回答：「除了你，沒有人能獲准進入，因爲它是專爲你而開，現在我也要爲你關上它！」

校正，關係於是逐漸成形，最終獲得命名。然而，某些長距離的關係，由於回應沒有立即銜接，於是失蹤在預期的節點。因此，最終的命名無法成立。

愛情最美的地方在於最初的曖昧不明，一種無法命名的關係狀態。

荒謬的行為在定義上有些差異，一個人，稱為瘋子。二個人，叫作戀愛。三個人，外界就不應該等閒視之，因為，可以視為是一個組織或是一場運動。

命名，可以提高可信度，甚至讓人產生錯覺。命名就是一種力量。

倫理，就是對於每一個生存意志抱持最大的崇敬。

最艷麗的花朵，總是最先被蜂蝶給搞殘廢[29]，這是大自然的現象，也是現實社會的規律。

29 馮唐《萬物生長》其他經典語錄：「多數人在夜晚只看見了車燈，不記得腦後還有月亮。」「心智漸開，世事漸雜。」「他什麼都想著你，什麼都顧著你，你能不能一直不要這麼任性。」「我要用盡我的萬種風情，讓你在將來任何不和我在一起的時候，內心無法安寧。」「如果你是一種植物，我的眼光就是水。」「我不要天煞的星星，我要塵世的幸福。」「你我之間不公平，我太喜歡你，我一直努力，一直希望，你能多喜歡我一點，但是我做不到。」

意外從來就不是突發，而是創造和發明的結果。發明了火車就同時發明了脫軌，發明了飛機就同時發明了空難。

在關鍵的時刻說話，切記不要太注重語言的修飾。例如，當激烈爭吵的雙方出現衝突扭打，混戰的現場總是很難分清敵我，如果面對眼前即將斷氣的敵人，對方仍然語氣堅定的說：「就算你打死了我，我仍然堅持我的立場不變！」遇上了這種狀況，通常人們還是選擇忍痛將對方打死[30]。

佛家和道家的區別在於，佛家是你若打死了我，你就是在超渡我。道家是你若打不死我，我就超渡你！

在現實的世界，通常沒有人願意被往生，人們都希望留在痛苦的人間，畢竟人間還是比較被人熟悉。

窮人爲了解決當下的困境，經常低估了未來的問題。因此爲了減輕窮人的生活困境，有時贈送電視比食物更爲奏效。

30 韓寒長篇小說《長安亂》有一段客棧裡正反雙方爭辯兔子與瓜孰貴的場景。《長安亂》是用解構主義創作的另類武俠小說，故事以中國少林與武當兩派爭奪武林盟主爲主軸，一位天賦異稟從小就入少林的少年，目睹天下紛亂並看破權欲爭奪的荒謬。

窮人的眞正問題，經常是因爲缺乏人文底蘊。

鬼最可怕的地方在於，它對於自己的存在，似乎比人們還要存疑。

鬼最可怕的地方還包括，它從不給直截了當的答案，並且老是扯東扯西。

如果是被鬼附身，至少還可以驅魔，如果是被神附身[31]，那麼連梵諦岡也沒輒。

講述一個人的死亡，是悲劇；講述幾千萬人的死亡，是數據。

悲劇比數據，更能打動人心，這就是人性。

故事，容易讓人把現實濃縮成爲一個懶人包。

恐怖份子掌握著人類故事的書寫，文學有義務讓這樣的殺戮故事終止於廢墟。

你顯然聽見了我，因爲我聽見了你的安靜。

31 漢斯．萊斯《當神說，可以陪我聊聊嗎？》書中被神附身的亞伯鬱卒到需要看心理醫師雅各伯，亞伯說：「沒有了人，我是什麼？如果很多人相信我，那我還能做點什麼，但如果沒有人對良善感興趣，那我就全完了！」這就是當前的問題所在，神的精疲力竭就是世界的疲乏。

公然離開是一種最激烈的評論姿態。

裸體的詛咒就是永遠無法再赤裸，裸體是一種衣著的形式。

謊言的詛咒就是永遠無法再圓謊，謊言是一種誠實的形式。

公開的詛咒就是永遠無法再揭露，公開是一種隱藏的形式。

警句語錄，就是一種少即是多的美學。

語言的多樣性破壞了社會的結構，那是一種不同於純粹的懲罰。

我們應該提倡知識、優雅和正直，來對抗現代社會的虛僞、敗德和迂腐。

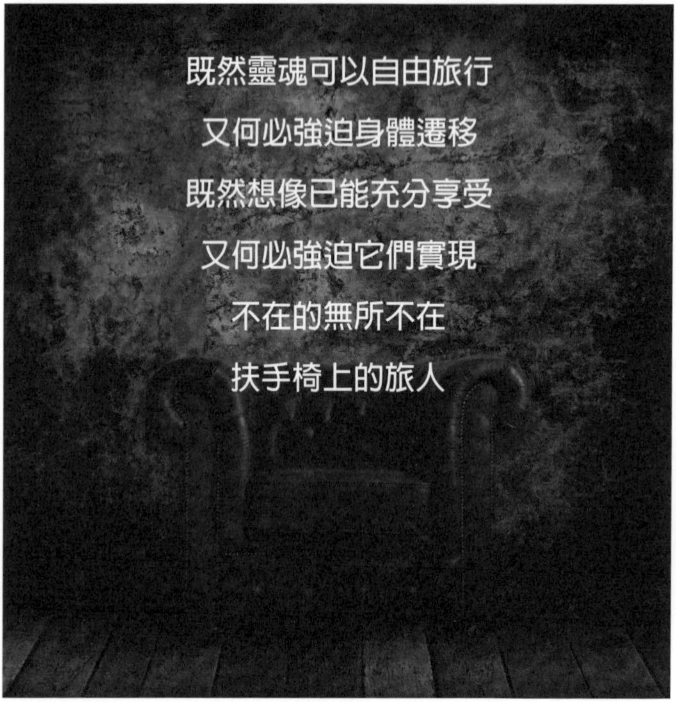
既然靈魂可以自由旅行
又何必強迫身體遷移
既然想像已能充分享受
又何必強迫它們實現
不在的無所不在
扶手椅上的旅人

旅行、時尚和建築
都是人們作夢的痕跡

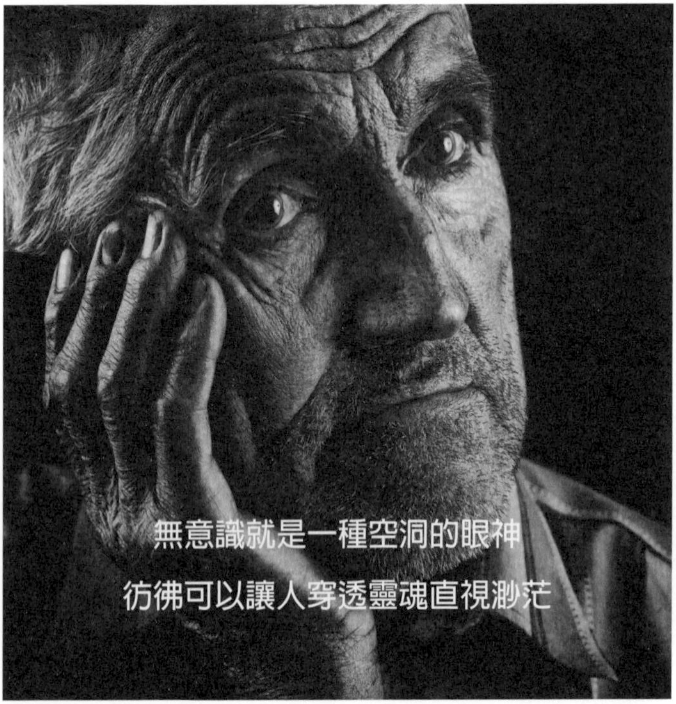
無意識就是一種空洞的眼神
彷彿可以讓人穿透靈魂直視渺茫

VORSICHT
平庸的邪惡
最平庸的無害經常是最冷酷的為害

努力工作追求名利
然後再到這些都不重要的地方

SEPTEMBER
11
never forget
講述一個人的死亡是悲劇
講述幾千萬人的死亡是數據
悲劇比數據
更能打動人心

未來是過去

錯誤的方向，代表未曾開始。

我們都生活在溝渠裡，但是有些人卻是仰望著星空。

限制，通常是由自己的行爲所創造出來。

未來，就是過去經驗的延伸。

我們經常看見去過的，看不見要去的。面對的是過去，背對的是未來。

過去的觸擊，決定未來的所見，重複的網頁，讓人困在一個命定、靜止、收斂、無窮的自我輪迴。

未來來自於前世，時間不過是一種假象。

未來其實已經到來，只是分布的還不夠均勻而已。

重複相同的行爲，但卻期待不同的結果，這種想法無比的荒謬天眞。

不是對於別人的話語不理解，而是懶得凝視可能不足的生命高度。

你的喧囂，揭露了你的虛無。你的越多揭露，你的臉孔就越顯得空洞模糊！

有時我們陶醉的是，歌聲周遭的寧靜。

錯誤的聲音足以摧毀一片極美的風景。

長篇大論的說明，容易犯下把對方吸進自己圈子的錯誤。

比喧囂更爲可怕的武器，沈默。

表面若無其事的態度，實際上可能隱含比想像更爲豐富複雜的情感。

爲了避免過多的言說，我的意思卻經常給弄模糊了。

平庸的心靈，尋求相似類同；細緻的心靈，探究箇中的差異。

冷漠是回擊無恥的無聲風暴，憤怒是對抗屈辱的公開自殘。

完全不及物的狀態，就是到處存在的場所，到處不存在的我。

下限的感覺：曾經見過無恥的，但是沒見過這麼無恥的！

幸福時，孤獨不是被詛咒，而是一種被侵犯。

悲傷時，是很難被回憶重返或救贖的孤獨。

困頓時，只是沒有人幫我，否則沒有半個人也無所謂。

自慚時，感覺自己的存在就像是一樁犯罪。

絕望時，不得不用尚未尋找的火種來取暖。

在遺忘之處抗衡虛無，在靜默之中提煉意義。

雪花片片飄，片片各得其所。偶遇，其實是一種更高階的命定。

心碎的方式有數百萬種，熱戀的對方經常是彼此最喜歡的一種。

施暴者與受害者的同時受難，愛情犯罪心理學是一種同步愚蠢、荒謬與瘋狂！

熱戀，像是一帖高濃度劑量的非理性藥物。

在你身上找不到完美，你，就是完美；你，是天堂製造。

思念是一種抗拒所有抗生素的心靈風暴症候群。在愛情裡，「讓我生病，否則就是不愛！」

耽溺於悲傷，有時讓人感到幸福，對於耽溺於悲傷的所有阻礙，有時反而讓人抗拒。

面對摯愛離去時的恐懼，有時恐懼不是對於事情的已經發生，而是它的不可能再發生。

有空嗎？有事想要告訴你，什麼事都可以！

夜裡仰望星空，每個星星都像你。

我的夢境再美，但都不及於你，你讓我毫不猶豫地從夢境中返回現實。

極度耽溺的自我症狀描述：我的藥癮不如清醒時的問題來的嚴重！

儘管極度悲傷，但是照片卻喚醒了眞正的思念才正要開始。

殺了我，否則你就是兇手[32]。

對於動物而言，屠刀也許是一種徹底的解放。

懸吊是反抗靈魂被套牢，將一切交給時間來處理的空間策略。

昏睡是一種可行的懸吊策略，彷彿讓人可以睡過自己的死亡[33]。

勇氣，就是隨時隨地都要承擔一個決定，裝出一個樣子，如履薄冰的篤定。

寧靜，是去接受無法改變的一切。勇氣，是去改變期待改變的一切。智慧，是可以分辨二者之間的差異。

---

32 一九二四年六月三日凌晨四點，卡夫卡呼吸困難，摯友克洛普・施托克叫醒值班醫生，後者爲卡夫卡注射嗎啡，卡夫卡說：「殺死我，否則你就是兇手。」又注射一劑安眠藥，一陣昏睡醒來，卡夫卡用力扯掉身上各種管子：「別再折磨我了，幹嘛還要延長？」克洛普・施托克彎下腰撿起管子，卡夫卡對他說：「別走開！」「好，我不走開。」「可是我要走了。」

33 佛教「涅槃」（Nirvāṇa）一詞代表「被熄滅」，具有解脫和無煩惱等意義，這個術語最早出自古印度婆羅門教，對於修行者過世習慣尊稱爲進入涅槃或圓寂，涅槃經常被視爲是死亡的同義語。

我會在你的葬禮中和你見面，你也要到我的葬禮中來見我。

入戲太深？如何？那就接下一部戲吧！

昨夜夢見自己死了，醒來證實夢是真的；如果醒來毫無意義，告訴自己那就繼續睡吧！以後，只夢見自己活著。

忽略，就是把旁人開成隱藏版模式。

隱形，就是在場的缺席。

若無法把自己的孤獨細緻地融入人群，就無法在眾聲喧囂的人群中保持孤獨。

在這庸俗的場域，你那高貴極美的臉孔，就像一個耀眼的污斑。

意義不會單向地存在，意義通常產生於二個或二個以上的意識交流。

距離，是靈魂的結果。

時間，是最遠的距離。

他們知道我鄙視他們的快樂，所以努力地侵犯我的喜悅，能夠與世隔絕是多麼地幸福。

反同性戀者的經常提問：「當可以選擇正常，爲什麼還要快樂？」

愛情的最美之處，在最初的若即若離，在尚未發生的可能曖昧，在散布於生活中一系列無法辨識的訊息跡象。

思念，也許你給我寧靜的方式有些錯誤。

紅塵，因爲不夠明確具體，因此它終究會散去。

包容就是仍在想像之中，超出範疇就讓人無法接受。

當完全愛戀時，對象取代了自我，讓人心甘情願自我繳械，自己則被形塑爲異己。

我只能住在你尚未涵蓋的區域，只是這些空間在你罩極縱深之下，已經所剩無幾。

我們之間已有相當的距離，這是我的努力爭取。

意識是時間距離中它自己的速度。

你不具有速度，你就是速度。

悲傷不過是一場個人化的孤獨，它與外部世界完全無關，純粹只是一場腦內風暴。

記憶是用來拯救現實，讓人只想與外部的一切隔絕，完全只憑著記憶在生活。

與其在臨終時追究死亡的原因，不如在世時尋找活著的意義。

無神論者和神父辯證上帝是否存在。辯證之後，無神論者向上帝禱告，請求原諒；神父燒掉了聖經，成爲無神論者。

宗教是一個可以讓人心靈麻木、舒緩痛苦的長銷型麻醉劑。

宗教是一種沒有它就不知道如何避邪的人的信仰。

靈修，是一種個體化的過程。

對於宗教和心靈社群，陰影是一種非常弔詭的東西。靈修者若是選擇自我逃避，陰影只會更加陰暗。然而，被信衆高度期待所綁架的心靈導師，最終只能選擇用權威來粉飾自己的陰暗，我們稱爲佛陀症候群。

東方宗教的矛盾之處，在於要求否定自我，同時又提醒要追尋自我。

生命的目的若是純粹只有外在，它始終是無常、相對、不穩定。

靈魂無法出賣，說穿了，不過就是心之所繫，心在哪裡，靈魂就在哪裡[34]。

靈魂迷失時，肉體不過是一種累贅。

偏執時的存在感，一種均衡的失衡狀態。偏執時的信仰觀，上帝呀，請讓魔鬼信守祂的承諾吧[35]！

地獄可能不在墮落的深淵，而在我們把彼此的人生都搞成像地獄一樣的人間[36]。

不論去了多遠的地方，人們都無法脫離自己的所在之處。

34 在通俗文化中，卓越的成就和智慧都可被歸因於與魔鬼進行靈魂交易。英特爾創辦人之一安迪．葛洛夫（Andy Grove）的名言「唯偏執狂得以倖存」（only the paranoid survive），兩者似有異曲同工之處。

35 詳見波特萊爾《巴黎的憂鬱》裡的〈慷慨的賭徒〉（Les Joueur Généreux）。

36 漢斯．萊斯《有時候，魔鬼是人之常情》書中魔鬼安東對著心理醫師雅各伯說：「地獄和教堂的合作延續了五百多年，教堂締造了一個建立在恐懼、悲傷和污穢基礎上的輝煌戰役，地獄被設計成一個教化人心的地方，一個神旗下的暫時性機構。因此，我們不必把地獄遷到人間，也不必透過複雜的物流系統把人送到地下。」

心落在哪裡，家就在哪裡。

小我習慣把負面和受苦曲解爲一種樂趣，小我並在其中獲得了強化。寧靜，就是小我的終結。

人們習慣用更多的想法來餵養不滿，痛苦對於不幸其實特別上癮。

如果不在意自己的不快樂，那麼不快樂可以對人怎麼樣？

反面的對立有時候不見得是正面，當我離開一個不快樂的地方，但是離開並沒有讓我感到快樂。

有時瞬間止住的混亂，不是我們作了什麼，而是我們沒有作什麼[37]！

眞實是一個統合的整體，思想卻將它分割成爲碎片，每一種觀點都是一種框限，思想並不是眞實，只有整體才是眞實。

37 艾克哈特・托勒在其《一個新世界：喚醒內在的力量》書中描述一次獨特的經驗，他曾在一個喧鬧混亂的酒吧現場，讓一位幾近瘋狂的女子立即平靜，對於眾人的驚嘆好奇，他回以「我沒有對她作什麼」，而不是「我對她作了什麼！」

錯誤的認知，創造了一個受苦的世界。眼前的眞相可能完全只是一場幻覺。水、波和浪其實都是相同的東西，一切都是風搞的鬼！

生命的目的如果只剩下外在，它始終是無常、相對、不穩定。當人們被外在的目的所接管，因而忽略了內在的目的，躁鬱和壓力就會接踵而來。

如果外在的眞實可以讓我感受自我的存在，那麼自我以外的任何眞實又有何重要性[38]？

當下，就是認眞地面對所在之處與所作之事，這種內在的目的會讓時間消失。

當生命被外在的目的所接管，不是人在活出生命，而是生命經由人活出來。生命是舞者，而人只是舞步[39]。

38 詳見波特萊爾《巴黎的憂鬱》裡的〈窗户〉（Les Fenêtres），凝視一扇敞開的窗絕不比凝視一扇緊閉的窗，可以得到更多的想像。那緊閉後頭的故事是否眞實，又有什麼關係呢？

39 艾克哈特．托勒《一個新世界：喚醒內在的力量》是近十年來歐美最重要的心靈導師著作，書中列舉了很多作者個人經歷結合禪宗公案，引導讀者由內在自省、認清小我並且從中尋求解放，不再受困於外在的虛無自我認同，擺脫對於外在的無常恐懼，擁抱內在的眞正快樂。

期望擁有眞正的人生，就是不管追求什麼，都不必和任何人競爭。

抬頭仰望星空，但卻沒有航天的意圖。

不執著的操作性定義，就是讓人進入生命的另一個向度——內在空間。

看來像是隨機的混亂，其實可能是由更高階的意識或宇宙智性所衍生出來。

很多人以爲的隨機，其實是可以掌控的。不幸的是，很多人以爲可以掌控的，其實都是隨機的。

心靈迷宮就像是蛛網一樣，心念越是掙扎，越是纏陷得更緊。

錯誤的起因經常是因爲缺乏耐性，太早中斷了一個有秩序的過程。

心痛的出神凝視，就像在告別式送別自己的靈柩。

虛構有時比眞實更眞，虛構至少還要緊偎著可能性，眞實則是完全不必。眞實的意外讓人啞然，虛構的騙局讓人執迷。

禪修就是讓自己的念頭慢下來，讓間隙越來越清晰，就像駭客任務一樣，看見子彈在飛。

傷痛越深，越能容下更多的快樂。

生命不應該是在避免受苦，而是在創造感動與意義。

越界宣告的是自主，破戒宣告的是不由自主。

任何一種自由都是另外一種安排的開始。

旅行是透過與現實的隔絕，進行自我發現的一種手段，在陌生的環境，作熟悉的事物。

旅行後，回得了家鄉，但可能回不了原來的自己。

不自由讓人自由，自由反而讓人不自由。前者如強迫和義務下的創意想像，後者如熟悉的不受拘束的例行公事。

我的自由學自於貧困。

窮人之所以窮困，可能只是因爲缺乏人文素養。如同有些人好看，只是有點廉價感！

生命的藍圖有時在基因的層次已經畫好，命運有時在意識的底層已經注定。

自己的人生就是一生中最重要的作品。

面對眾人的沈默凝視，我的喃喃自語：我不是舵手嗎？我是舵手嗎[40]？

在活在今天與現世未來之間，超驗未來提供一種追求的替代。當現世未來已經化爲廢墟，超驗未來提供了完全的希望寄託。西方在中東的錯誤戰略就是，越是摧毀中東現狀，西方越是遭到恐怖攻擊[41]。

---

40 卡夫卡短篇小說《舵手》「我不是舵手嗎？」我喊道。「你？」一個高大男子用手抹了眼睛，彷彿驅散一場夢的問道。黑夜裡我一直站在舵旁，頭上懸著一盞微弱提燈，此時有人將我推倒，一隻腳踏在我的胸口，我仍緊抓舵柄旋轉方向盤，就在倒下瞬間，那人卻抓住舵柄，又將方向盤轉回，並將我推開。但我靜心一想，直奔船員室窗口，大喊：「夥伴們！一個陌生人將我從舵旁趕開！」船員們慢慢走來，爬上船梯，個個晃著粗大而疲憊的身軀。「我是舵手嗎？」我問。他們點頭但目光卻注視陌生人並將他圍著半圈，而他卻以命令口吻：「別干擾我！」於是船員們聚攏過來，向我點頭，然後又順著船梯走下。他們是一個什麼樣的群體！有在動腦筋？要不只是無意義地在這世上蹉跎罷了？

41 知名社會心理學家菲利普·金巴多在其著作《你何時要吃棉花糖？時間心理學與七型人格》，將人們的時間態度分爲七類，讓人了解自己的時間觀，學習放下昨天、享受今天、掌握明天，珍惜生命，追求健康與親密關係。書中提出一種「超驗未來型」時間觀，認知「死亡只是另一個新的起點」及「只有肉體會死，信仰會讓人死後上天堂。」

永恆，無法由時間單位來衡量，它既不屬於時間，也在時間序列之外。當自我徹底地拋棄時間意識，或許當下的自我感覺可能已經接近。

廢墟，是曾經繁榮過後的幽微清冷，也是最能引人深思的華美場域。

虛無感，就是一種意義缺席的感覺。

現實感，就是在感官與虛無兩個極端中間。

逃避不是無法忍受，而是對於主體性的重建和完整的追求。

在一個病態的社會裡，正常就是一種可以表現各種荒謬言行的不正常。在一個不理性的世界裡理性，就是一種極度的不理性。

曖昧，是一種爲了承擔當下的存在方式，是一種無法持續下去的仍要持續，與其說是優雅，不如說是讓人得以繼續存活的唯一方法。[42]

感官衰老與時光流逝，創造一種扭曲變形的認知。就像年長者總是巨細靡遺的述說過

42 契訶夫中篇小說《第六病房》：「當不正常佔據了多數，於是不正常變成了正常，少數的正常成了不正常。整個國家社會就像是一座瘋人院！」

去，但是對於剛才發生的事卻又完全忘記。

除了記憶，再也沒有任何證人可以對抗自己，歲月增長不過就是一種越來越不害怕面對過去的寧靜優雅[43]。

死亡並不可怕，任何人每天都是帶著屍體在前進。歲月將人的身體變成一座倉庫，存放著各種防止衰竭死亡的退化器官。

沒有任何的地方比墓園更加的井然有序。

[43] 史蒂芬・褚威格《一個女人生命中的二十四小時》筆下的C女士在聽到一位年輕的波蘭公使隨從提到，他的一位堂兄十年前在蒙地卡羅自殺的心情寫照。

我們都生活在溝渠裡
但是有些人卻是仰望著星空

幸福時
孤獨不是被詛咒而是一種被侵犯

雪花片片飄
片片各得其所
偶遇
其實是一種更高階的命定

心落在哪裡
家就在哪裡
不論去了多遠的地方
人們都無法脫離自己的所在之處

我會在你的葬禮中和你見面
你也要到我的葬禮中來見我

沒有任何的地方
比墓園更加的井然有序
生命不應該是在避免受苦
而是在創造感動與意義

終曲

我們都是世界整體的一部分，也都是有限的時間和空間的一部分。然而，我們總習慣將自己的思維和情感，獨立視為在整體之外[44]，這是一種意識的錯覺，更多的資訊意味著更多的錯覺，當我們對於錯覺的反應越快，正是現代化和進步的副作用。錯覺是一種監獄，並且正不斷的擴大。錯覺，把我們關在裡面。錯覺，把世界整體關在外面。

44 海浪並不存在，它只是水的行為而已，它是風和水的短暫聚合，一種並非獨立存在的錯覺！如同〈未來是過去〉其中一則語錄：「錯誤的認知，創造了一個受苦的世界，眼前的眞相可能完全只是一場幻覺。」

延伸閱讀

Arnould, E., Price, L. and Zinkan, G（2002）, *Consumers*, 2e, McGraw-Hill.

Bocock, Robert（1993）. *Consumption*. London: Routledge.

Business Week（2006）. *Marketing Power Plays: How the Wolrd's Most Ingenious Marketers Reach the Top of Their Game*, McGraw-Hill.

C. K. Prahalad, and M. S. Krishnan（2008）. *The New Age of Innovation: Driving Cocreated Value Through Global Networks*, McGraw-Hill.

Clifford Schulz II, Russell W. Belk, and Güliz Ger, eds., *Consumption in Marketizing Economies*（Greenwich, CT: JAI Press, 1994）; and Güliz Ger, Russell W. Belk, and Dana-Nicoleta Lascu, "The Development of Consumer Desire in Marketizing and Developing Economies: The Cases of Romania and Turkey," in *Advances in Consumer Research*, vol. 20, Leigh McAlister and Michael L. Rothschild, eds.（Provo, UT: Association for Consumer Research, 1993）, pp. 102-107.

Colin Campbell, *The Romantic Ethic and the Spirit of Modern Consumerism*（Oxford: Basil

Blackwell, 1987）; Neil McKendrick, John Brewer, and J. H. Plumb, *The Birth of a Consumer Society: The Commercialization of Eighteenth-Century England*（Bloomington: Indiana University Press, 1982）; Chandra Mukerji, From Graven Images: Patterns of Modern Materialism（New York: Columbia University Press, 1983）; and Rosalind H. Williams, *Dream Worlds: Mass Consumption in Late Nineteenth-Century France*（Berkeley: University of California Press, 1982）.

Daniel Miller, *Acknowledging Consumption*（London and New York: Routledge, 1995）.

David Hesmondhalgh（2002）. *The Cultural Industries*. SAGE Publications Ltd.

David, Cravens, Piercy（2006）. *Strategic Marketing*, 8e, McGraw-Hill.

Deborah J. MacInnis and Linda L. Price, "The Role of Imagery in Information Processing: Review and Extensions," *Journal of Consumer Research*, March 1987, pp. 473-491; and Eric J. Arnould and Linda L. Price, "River Magic: Extraordinary Experience and Hedonic Aspects of Service Encounters," *Journal of Consumer Research*, 20（June 1993）, pp. 24-45.

Dennis McCallum（1996）. *The Death of Truth: What's Wrong With Multiculturalism, the Rejection of Reason and the New Postmodern Diversity*, Bethany House.

Dennis Rook, "The Ritual Dimension of Consumer Behavior," *Journal of Consumer Research*, 12（December 1985）, pp. 251-264.

Don Fuller, *Sustainable Marketing: Managerial-Ecological Issues*（Newbury, CA: Sage, 1999）.

Don Slater, *Consumer Culture and Modernity*（Cambridge: Polity Press, 1997）, p. 8.

Elizabeth C. Hirschman, "Innovativeness, Novelty Seeking and Consumer Creativity," *Journal of*

Consumer Research, 7（December 1980）, pp. 283-295; Nancy M. Ridgway and Linda L. Price, "Development of a Scale to Measure Use Innovativeness," in *Advances in Consumer Research*, vol. 10, Alice Tybout and Richard Bagozzi, eds.（Provo, UT: Association for Consumer Research, 1983）, pp. 679-684 and Nancy M. Ridgway and Linda L. Price, "Creativity under Pressure: The Importance of Consumption Situations on Consumer Product Use," Proceedings of the American Marketing Association Summer Educator's Meetings, 1991, pp. 361-368.

Eric J. Arnould, "Toward a Broadened Theory of Preference Formation and the Diffusion of Innovations: Cases from Zinder Province, Niger Republic," *Journal of Consumer Research*, 16（September 1989）, pp. 239-267; and Güliz Ger, "Human Development and Humane Consumption: Well-Being and the 'Good Life,' " *Journal of Public Policy and Marketing*, 16（Spring 1997）, pp. 110-125.

Francis J. Kelly, III, and Barry Silverstein（2005）. *The Breakaway Brand: How Great Brands Stand Out*, McGraw-Hill.

Hartley, R.F.（2003）. *Management Mistakes and Successes*, 7e. John Wiley & Sons.

Igor Kopytoff, "The Cultural Biography of Things: Commoditization as Process," in *The Social Life of Things*, Arjun Appadurai, ed.（Cambridge: Cambridge University Press, 1986）, pp. 64-94.

Jacob Jacoby and Robert W. Chestnut, *Brand Loyalty: Measurement and Management*（New York: John Wiley, 1978）.

Joseph J. Tobin, ed., *Re-Made in Japan: Everyday Life and Consumer Taste in a Changing Society*（New York: Yale University Press, 1993）.

Julie, Ozanne and Ron Paul Hill, "Juvenile Delinquents' use of Consumption as Cultural Resistance: Implications for Juvenile Reform Programs and Publc Policy," *Journal of Public Policy and Marketing*, 17, no. 2（1998）, pp. 185-196.

Marc Gobé（2006）. *Brandjam: Humanizing Brands Through Emotional Design*. St Martins Pr.

Marta E. Savigliano, "Tango in Japan and the World Economy of Passion," in *Re-made in Japan Everyday Life and Consumer Taste in a Changing Society*, Joseph J. Tobin, ed.（New Haven, CT: Yale University, 1993）, pp. 235-252.

Mike Featherstone（2005）. *Consumer Culture and Postmodernism*, 2e. SAGE Publications Ltd.

Mike Featherstone, ed., *Global Culture*（London: Sage Publications, 1990）; Mike Featherstone, *Consumer Culture and Postmodernism*（London: Sage Publications, 1991）; Güliz Ger and Russell W. Belk, " 'I'd Like to Buy the World a Coke': Consumptionscapes in the Less Affluent World," *Journal of Consumer Policy*, 19, no. 3（1996）, pp. 271-304; and Deborah Sontag and Celia W. Dugger, "The New Immigrant Tide: A Shuttle between Worlds," *New York Times*, July 19, 1998）, pp. A1, A12–14.

Millman, Debbie, and Heller, Steven（2007）. *How to Think Like a Great Graphic Designer*. St Martins Pr.

Paul Bohannan and Laura Bohannan, *Tiv Economy*（Evanston, IL: Northwestern University Press, 1968）; Frank Cancian, *Economics and Prestige in a Maya Community: The Religious Cargo System in Zinacantan*（Stanford: Stanford University Press, 1965）; Jerry W. Leach and Edmund Leach, eds., *The Kula: New Perspectives on Massim Exchange*（Cambridge: Cambridge University Press, 1983）; Claude Levi-Strauss, The *Elementary Structures of Relationship,* trans.

by James Harle Bell, John Richard von Sturmen, and Rodney Needham（Boston: Beacon Press, 1969 [1947]）; Claude Meillassoux, Maidens, *Meals, and Money*（Cambridge: Cambridge University Press, 1981）; and Marshall Sahlins, *Stone Age Economics*（Chicago: Aldine, 1967）.

R. S. Oropresa, "Female Labor Force Participation and Time-Saving Household Technology: A Case Study of the Microwave from 1978 to 1989," *Journal of Consumer Research*, 4（March 1993）, pp. 567-579.

Richard Appignanesi, and Chris Garratt（2005）. *Introducing Postmodernism*, 3e, Naxos Audiobooks.

Richard Bagozzi, "Marketing as Exchange," *Journal of Marketing*, 39（October 1975）, pp. 32–39; George Homans, *Social Behavior: Its Elementary Forms*（New York: Harcourt Brace and World, 1961）; and John O'Shaughnessy, *Why People Buy*（New York: Oxford University Press, 1987）.

Robert J. Barbera（2009）. *The Cost of Capitalism: Understanding Market Mayhem and Stabilizing Our Economic Future*, McGraw-Hill.

Robin A. Higie, Linda L. Price, and Julie Fitzmaurice, "Leaving It All Behind: Service Loyalties in Transition," in *Advances* in *Consumer Research,* vol. 20, Leigh McAlister and Michael L. Rothschild, eds.（Provo, UT: Association for Consumer Research, 1993）, pp. 656-661.

Storey, John（1999）. *Cultural Consumption and Everyday Life*. London: Arnold.

Terrence H. Witkowski and Yoshito Yamamoto, "Omiyage Gift Purchasing by Japanese Travelers in the U.S.," in *Advances in Consumer Research*, Rebecca H. Holman and Michael R. Solomon, eds.（Provo, UT: Association for Consumer Research, 1991）, pp. 123-128.

Thomas C. O'Guinn and Ronald J. Faber, "Compulsive Buying: A Phenomenological Exploration," *Journal of Consumer Research*, 16（September 1989）, pp. 153-154. Chapter 1 Introduction 27.

Vogel（2007）. *Entertainment Industry Economics: A guide for financial analysis*, 6e, Cambridge University Press.

William Rathje and Cullen Murphy, *Rubbish! The Archaeology of Garbage*（New York: Harper Collins, 1992）.

Zygmunt Bauman（2005）. *Work, Consumerism and the New Poor*, McGraw-Hill.

史蒂芬・褚威格（2012），《一個陌生女子的來信》，台北：遠流。

史蒂芬・褚威格（2012），《行向昨日的旅程》，台北：遠流。

布魯諾・舒茲（2014），《沙漏下的療養院》，台北：聯合文學。

白納・派頓（2016），《是邏輯，還是鬼扯？》，台北：商周。

伊麗莎白・斯特勞特（2016），《生活是頭安靜的獸》，台北：寶瓶文化。

安東尼・杜爾（2012），《記憶牆》，台北：生命潛能。

安東尼・馬拉（2017），《我們一無所有》，台北：時報。

安東尼・葛睿夫頓（2011），《書本的危機》，台北：允晨文化。

安東妮亞・奈爾森（2007），《女人麻煩》，台北：馥林文化。

安東妮亞・奈爾森（2009），《孤獨癖》，台北：馥林文化。

托瑪・皮凱提（2014），《二十一世紀資本論》，台北：衛城出版。

朱諾・狄亞茲（2013），《你就這樣失去了她》，台北：商周。

米蘭・昆德拉（2014），《生命中不能承受之輕》。台北：皇冠。
艾克哈特・托勒（2008），《一個新世界：喚醒內在的力量》，台北：方智。
艾莉絲・孟若（2014），《幸福陰影之舞》，台北：木馬文化。
艾莉絲・孟若（2014），《相愛或是相守》，台北：木馬文化。
艾莉絲・孟若（2014），《愛的進程》，台北：木馬文化。
艾莉絲・孟若（2014），《雌性生活》，台北：木馬文化。
艾莉絲・孟若（2015），《一直想對你說》，台北：木馬文化。
艾莉絲・孟若（2015），《公開的秘密》，台北：木馬文化。
艾莉絲・孟若（2015），《木星的衛星》，台北：木馬文化。
艾莉絲・孟若（2015），《好女人的心意》，台北：木馬文化。
艾莉絲・孟若（2015），《年少友人》，台北：木馬文化。
艾莉絲・孟若（2015），《妳以為妳是誰》，台北：木馬文化。
艾莉絲・孟若（2016），《出走》，台北：木馬文化。
波特萊爾（2014），《巴黎的憂鬱》，台北：新雨。
舍伍德・安德森（2006），《小城畸人》，台北：遠流。
芙蘭納莉・歐康納（2014），《好人難遇》，台北：聯經。
芙蘭納莉・歐康納（2016），《你不會比死更慘》，台北：聯經。
邱詠婷著（2013），《空凍》，台北：博雅書屋。

金恩、基奧恩、維貝艾等（2012），《好研究如何設計？：用量化邏輯做質化研究》，台北：群學。

保羅・維希留（2001），《消失的美學》，台北：揚智。

契訶夫（1987），《契訶夫短篇小說選》，台北：志文。

契訶夫（2011），《第六病房》，台北：臉譜。

姵根・甘妮蒂（2016），《發明學》，台北：木馬文化。

派屈克・莫迪亞諾（2014），《暗店街》，台北：時報。

派區克・塔克（2014），《遙測個人時代：如何運用大數據算出未來，全面改變你的人生》，台北：遠流。

珍妮佛・伊根（2012），《時間裡的癡人》，台北：時報。

科學松鼠會（2013），《冷浪漫：你的感性其實很理性》，台北：積木。

紀斯・馮・迪姆特（2012），《將模糊理論說清楚》，台北：時報。

約翰・史丹頓（2012），《被劫的經濟幸福：看不見的手失靈、邪惡之手竊奪，如何拿回你我的財富？》，台北：美商麥格羅・希爾。

約翰・伯格（2010），《觀看的方式》，台北：麥田。

約翰・湯馬斯（2011），《速度文化：立即性社會的來臨》，台北：韋伯

約翰・蘭徹斯特（2011），《大債時代：第一本看懂全球債務危機的書》，台北：早安財經。

唐・德里羅艾（2015），《小天使艾絲梅拉達》，台北：寶瓶文化。

娥蘇拉・勒瑰恩（2011），《轉機：勒瑰恩 15 篇跨次元旅行記》，台北：繆思。

徐林克（2012），《夏日謊言》，台北：皇冠。

納西姆．尼可拉斯．塔雷伯（2011），《黑天鵝語錄：隨機世界的生存指南，未知事物的應對之道》，台北：大塊。
納森．英格蘭德（2013），《當我們談論安妮日記時，我們在談些什麼》，台北：漫步文化。
索甲仁波切（2004），《生死無懼》，台北：霍克。
基特．懷特（2014），《藝術的法則：101張圖了解繪畫、探究創作，學習大師的好作品》，台北：木馬文化。
理查．葉慈（2013），《十一種孤獨》，台北：木馬文化。
理察．大衛．普列希特（2012），《無私的藝術》，台北：啓示。
陳智凱著（2006），《知識經濟》，台北：五南文化。
陳智凱著（2010），《消費是一種翻譯》，台北：博雅書屋。
陳智凱著（2011），《後現代哄騙》，台北：博雅書屋。
陳智凱著（2011），《娛樂──解構文創》，台北：藍海文化。
陳智凱與邱詠婷著（2013），《消費──浪漫流刑》，台北：巨流。
陳智凱與邱詠婷著（2014），《哄騙──精神分裂》，台北：巨流。
陳智凱與邱詠婷著（2015），《文創的法則》，台北：東華書局。
陳智凱與邱詠婷著（2016），《文創學》，台北：東華書局。
陳智凱與邱詠婷著（2017），《行銷三策》，台北：經瑋文化。
陳智凱與邱詠婷著（2018），《可以異常，何必正常》，台北：東華書局。
雪倫．朱津（2012），《裸城：純正都市地方的生與死》，台北：群學。

麥卡倫等（2003），《解毒後現代》，台北：校園書房。

傑斯・沃特（2015），《我們住在水中》，台北：時報。

傑森・茲威格（2016），《惡魔財經辭典》，台北：EZ叢書館。

菲利普・金巴多、約翰・波伊德（2011），《你何時要吃棉花糖？：時間心理學與七型人格》，台北：心靈工坊。

菲利普・羅斯（2015），《凡人》，台北：遠流。

萊恩・休斯（2014），《好創意！文化才是王道：150則成功溝通直達人心的創意思考術》，台北：奇光。

馮內果（2016），《人生就是那麼回事》，台北：臺灣商務印書館。

馮唐（2005），《萬物生長》，台北：八方。

愛倫坡（2015），《黑貓・告密的心》，台北：木馬文化。

愛德華多・加萊亞諾（2013），《拉丁美洲：被切開的血管》，台北：南方家園。

瑞蒙・卡佛（2011），《能不能請你安靜點？》，台北：寶瓶文化。

漢娜・鄂蘭（2013），《平凡的邪惡：艾希曼耶路撒冷大審紀實》，台北：玉山社。

漢斯・萊斯（2015），《當神說，可以陪我聊聊嗎？》，台北：橡實文化。

漢斯・萊斯（2016），《有時候，魔鬼是人之常情》，台北：橡實文化。

瑪格麗特・愛特伍（2016），《死亡之手愛上你》，台北：天培。

蓋瑞・克萊恩（2014），《爲什麼他能看到你沒看到的？洞察的藝術》，台北：寶鼎。

歐・亨利（2014），《愛的禮物》，台北：木馬文化。

歐文．威爾許（2014），《酸臭之屋》，台北：新雨。
韓寒（2014），《長安亂》，中國：天津人民出版社。
羅伯．巴伯拉（2009），《資本主義的代價：後危機時代的經濟新思維》，台北：美商麥格羅．希爾。
羅蘭．巴特（2010），《戀人絮語》，台北：商周。
羅蘭．巴特（2011），《哀悼日記》，台北：商周。

純碎物 / 陳智凱 , 邱詠婷著 . -- 1 版 . -- 臺北市 : 臺灣東華 , 2018.05

144 面 ; 14.8x21 公分

ISBN 978-957-483-935-3 (精裝)

1. 科學哲學

301 107007120

純碎物

著　者　陳智凱、邱詠婷
發行人　陳錦煌
出版者　臺灣東華書局股份有限公司
地　址　臺北市重慶南路一段一四七號三樓
電　話　(02) 2311-4027
傳　眞　(02) 2311-6615
劃撥帳號　00064813
網　址　www.tunghua.com.tw
讀者服務　service@tunghua.com.tw
直營門市　臺北市重慶南路一段一四七號一樓
電　話　(02) 2371-9320
出版日期　2018 年 6 月 1 版

ISBN　978-957-483-935-3

圖片來源：http://cn.depositphotos.com/